この地球上に生きるものたちへ。

For Creatures on GAEA

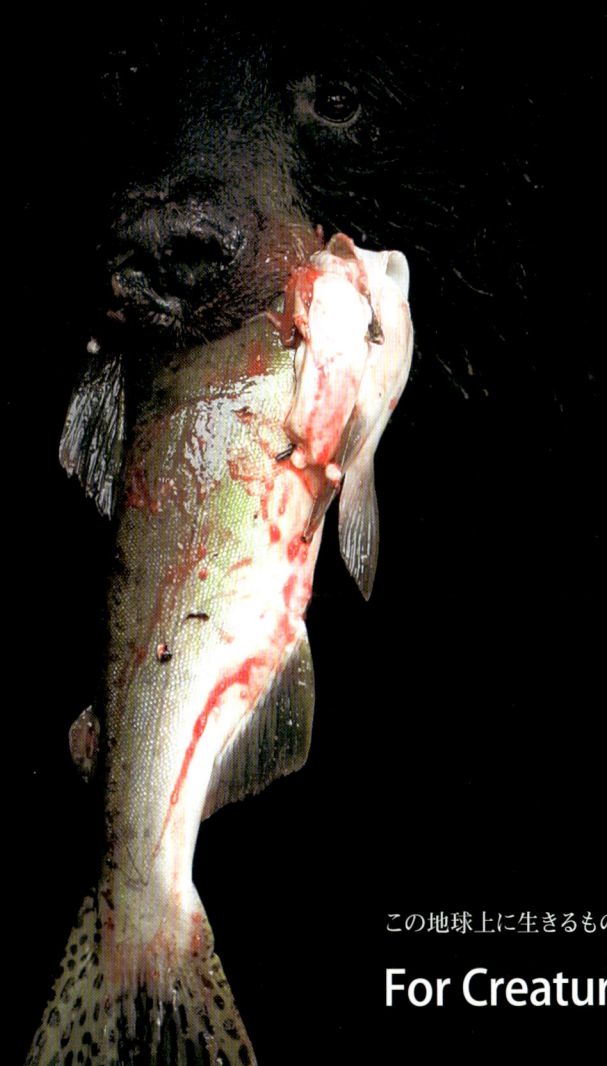

Bear World

Takayuki Maekawa

クマたちの世界

前川貴行

SEISEISHA

ALASKA
Grizzly & American black bear

眼下に広がる原野は果てしなく、小型セスナのゆっくりとした飛行に合わせ、
無数に点在する湖沼がつぎつぎと太陽光を反射している。
小さな湖に無事ランディングしたセスナを離れ、原野の奥へと足を踏み入れる。
地面にはクマの足跡がいたる所に残され、ここがクマたちの領域であることを
教えてくれる。
気を引き締めて行かないとと思ったやさき、向こうの方から二頭のグリズリーが、
ものすごい勢いで走りながらこっちへ向かってきた。
うわっ、どうしよう、と思うも体は硬直し、なす術はない。
あっというまに5メートル位に近づいた二頭のクマは、ちらっと僕を一瞥し、
突然くるりと向きを変え、脇の薮へと飛び込んでいった。
心臓の高鳴りが収まるまでに、しばらくかかった。
どうやら二頭は兄弟で、追いかけっこをして遊んでいたようだった。

サーモンを食べる音

サーモンの遡上する季節は、クマにとっては宴のシーズンだ。
川沿いを歩くとクマに喰い散らかされたサーモンの腐臭が、
そこかしこに漂っている。
そしてその匂いはクマが密集していることの証でもある。
クマはものすごくうまそうにサーモンを食べる。
体長80cmはあるサーモンにかぶりつくとバリッ、バリッと
骨が砕ける音が聞こえてくる。
皮をはいで、ピンク色の肉がむき出しになったサーモンに、
夢中になってかぶりつくクマの姿を見ていると、
自分もクマになって食べてみたい、といつも思う。

Hey! Bear

深い森の曲がりくねったけもの道を歩いていると、
予期せずばったりクマに出くわすこともある。
クマとの出会いに感動している場合ではない。
クマを刺激しないよう、ゆっくりと後ずさりして
やり過ごせなければ、あとはクマの気分に
運をまかせて時が過ぎるのを待つしかなくなる。
この現実を把握するには、多少の慣れが必要だ。
ともすれば物語を見ているような錯覚に陥るからだ。
僕は見通しのきかない森を歩くとき、
『ヘイ！ベアー、ヘイ！ベアー』と大きな声を出して、
ここに人がいるよ、ということを教えながら歩く。

グリズリーとブラックベアー

グリズリーとブラックベアーは、
テリトリーが重複する場所も多い。
ブラックベアーにくらべ一回り大きなグリズリーは、
パワーでも勝る。
争いになれば殺されてしまうこともあるブラックベアー。
ブラックベアーがサーモンを獲っているところへ、
遠くからグリズリーが近づいてきたりすると、
見ていてハラハラしてしまう。
だが、互いにはち合わせするのを避けるのか、
同じ漁場へ入れ替り立ち替り現れる両者を見ていると、
まるで暗黙の了解でも交わされているかのようだ。
アラスカの広大な自然は、両者が共に生きていくことができる
懐の深さを十分に備えている。

クマのベッド

原始からつづく、
鬱蒼としたレインフォレストのなかへと入っていった。
樹肌や倒木はもちろん、地面までが緑色のビロードを
敷き詰めたように苔むしている。
道と呼ぶには程遠いけもの道を進むと、
ぽっかりと丸い地面に出くわした。
直径2メートル程のその丸い空間の床は、
1メートル以上も苔が積もってできたものだった。
みるからにふかふかで気持ち良さそうだったので、
その丸い床に寝転んでみた。
梢のところどころからパッチワークのような青空がのぞき、
香ばしい土の匂いにつつまれたその天然のベッドの
心地よさは、他の何ものにも例えようがないほど
素晴らしかった。
と同時に僕は気がついた。
ここがクマの寝床だということに。

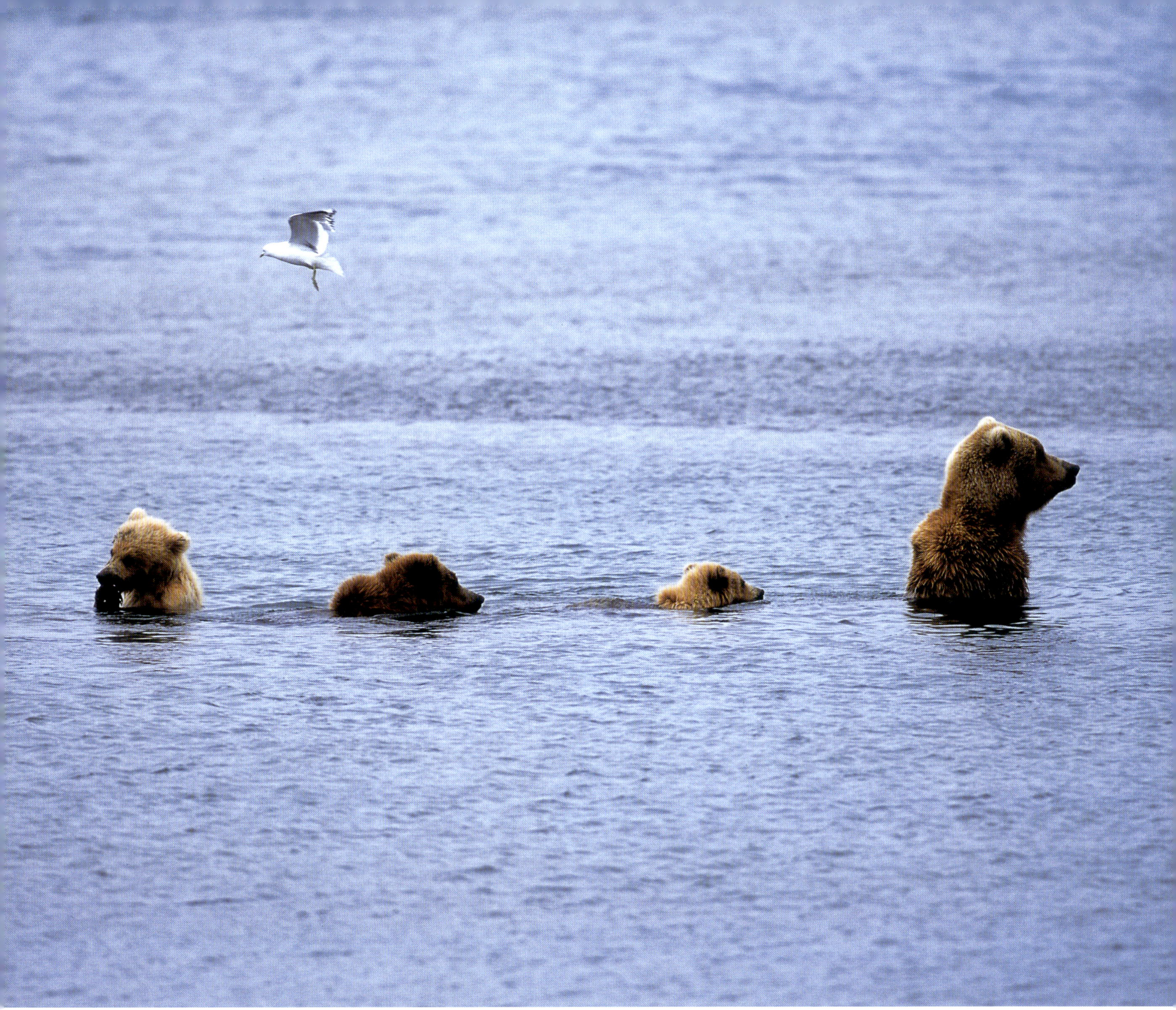

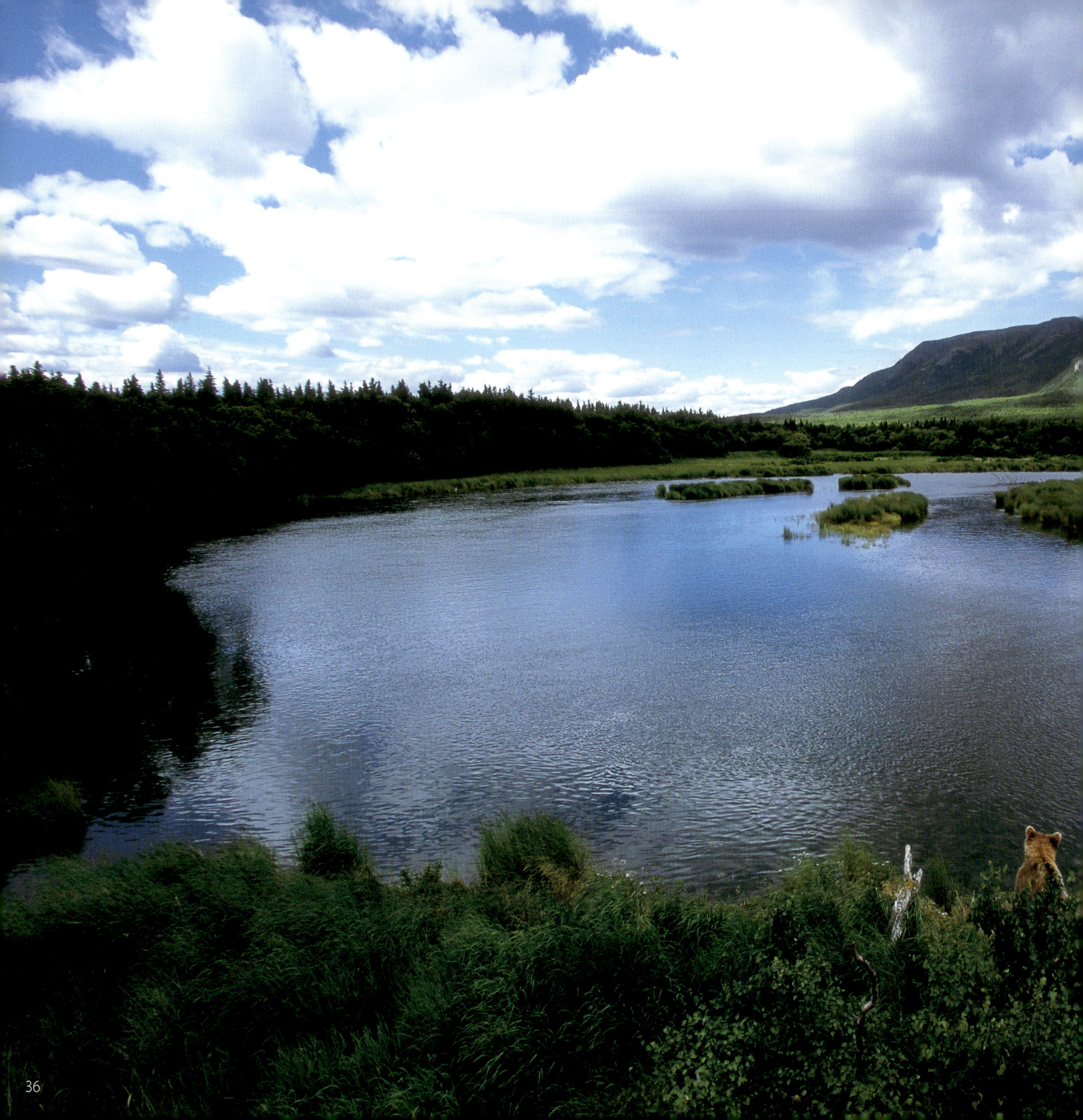

37

Encounter

無数の島々が散らばる南東アラスカの海峡を、小さなボートで旅をした。
イルカの群れが並走し、人とそっくりな呼吸の音をさせながら、
舳先を横切ったりジャンプをしたりしている。
季節は初夏。水面に照り返す日差しが眩しい。
海面でぐるぐると回っていたラッコが、お腹の上で貝を割っている。
ふと気づくと海岸線を何かが歩いている。クマだ。
ときどき大きな石をひっくり返しては、なにかを食べているようだ。
僕は岸辺に上陸し、遠くからゆっくりとした足どりで歩いてくるそのクマを見ていた。
クマの瞳が僕を捉えて止まり、しばらくして再び足もとに視線を戻した。
初めて見た野生のクマ。それは強烈な存在感を放ち、
僕は本能から湧き出る恐れを強く感じつつ、なかば夢見心地でいた。
すると突然、背後で大きな爆発音が響き、驚いて振り向くと、
狭まった海峡の水路を潮を吹き上げたザトウクジラが泳いでいくところだった。

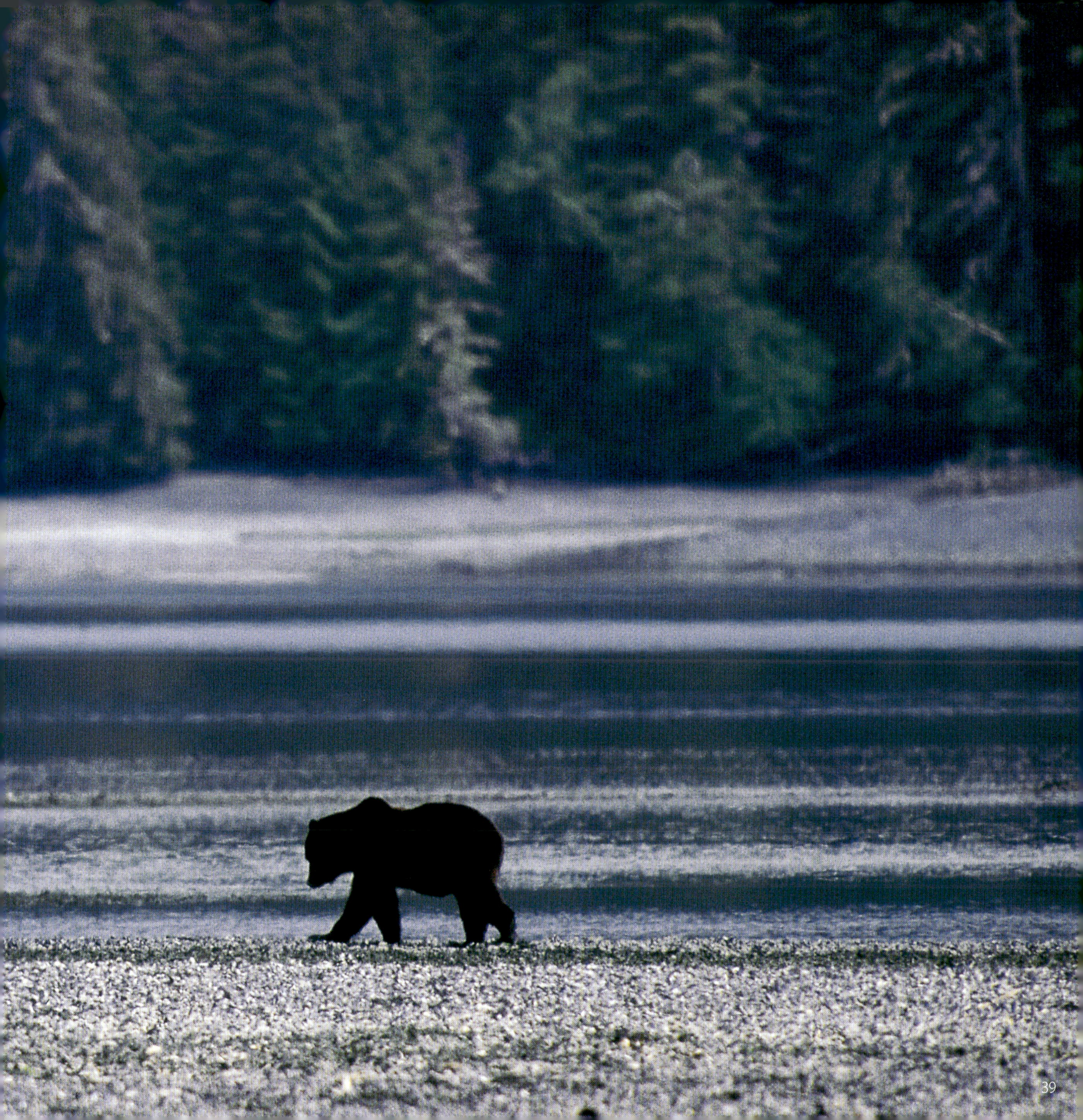

CANADA
Polar bear

すべてを凍りつかせる極北の真冬が、すぐそこまでやってきた晩秋のカナダ・ハドソン湾。
本来の活動場所である氷海が溶け、陸地で夏をやり過ごしていたホッキョクグマたちが、
結氷間近の海岸沿いに、一頭、また一頭と集まり始める旅立ちの季節だ。
アザラシ狩りをするホッキョクグマは、唯一目立つ黒い鼻を手で押さえて雪と同化し、
獲物に近づくというが、真偽のほどは定かではない。
狩りの成功を確信し、アザラシのごちそうで満腹になる夢を見るのか、
クマたちは結氷を待ちきれず、次々とシャーベット状の海へと飛び込んで行く。

41

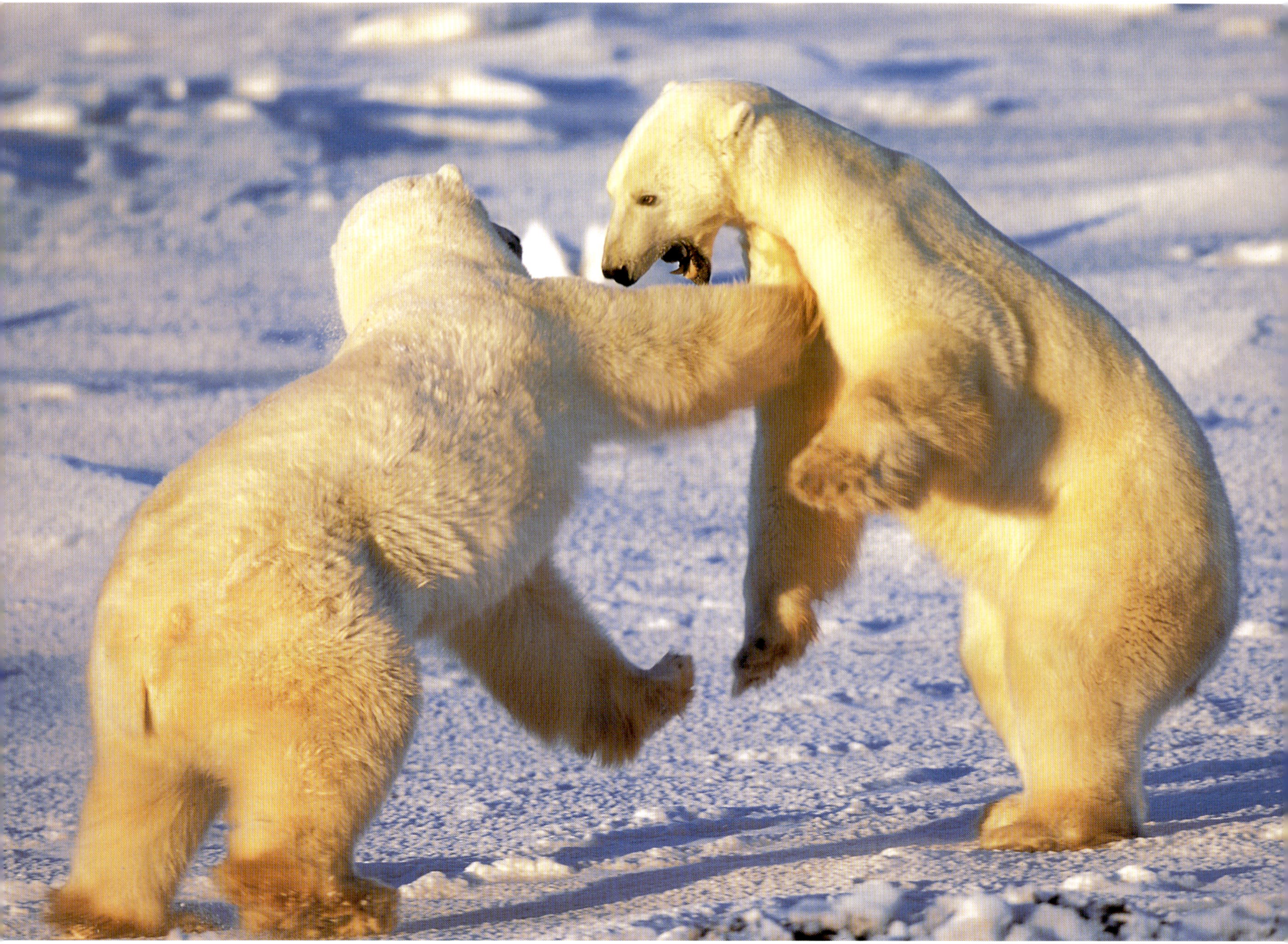

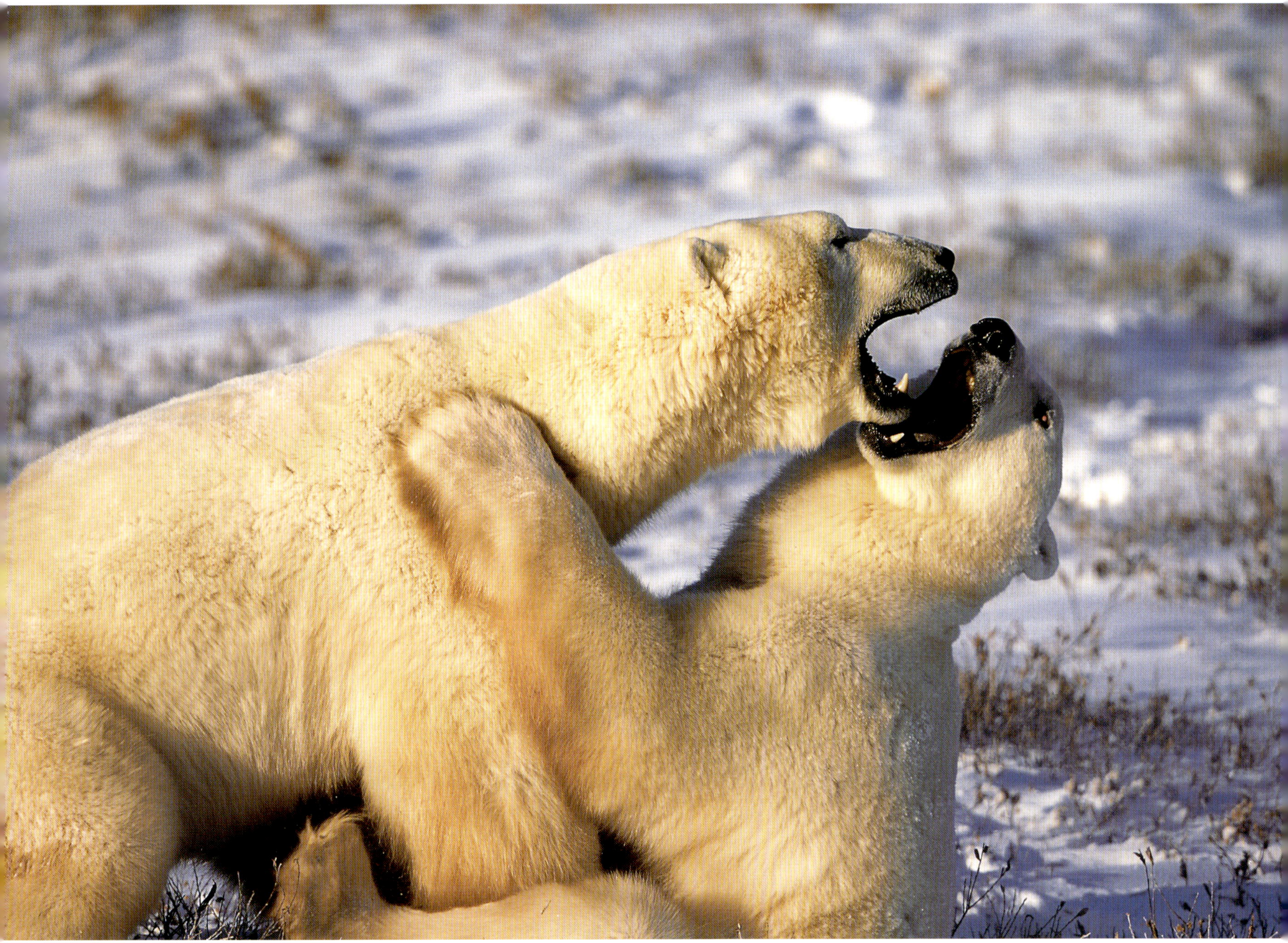

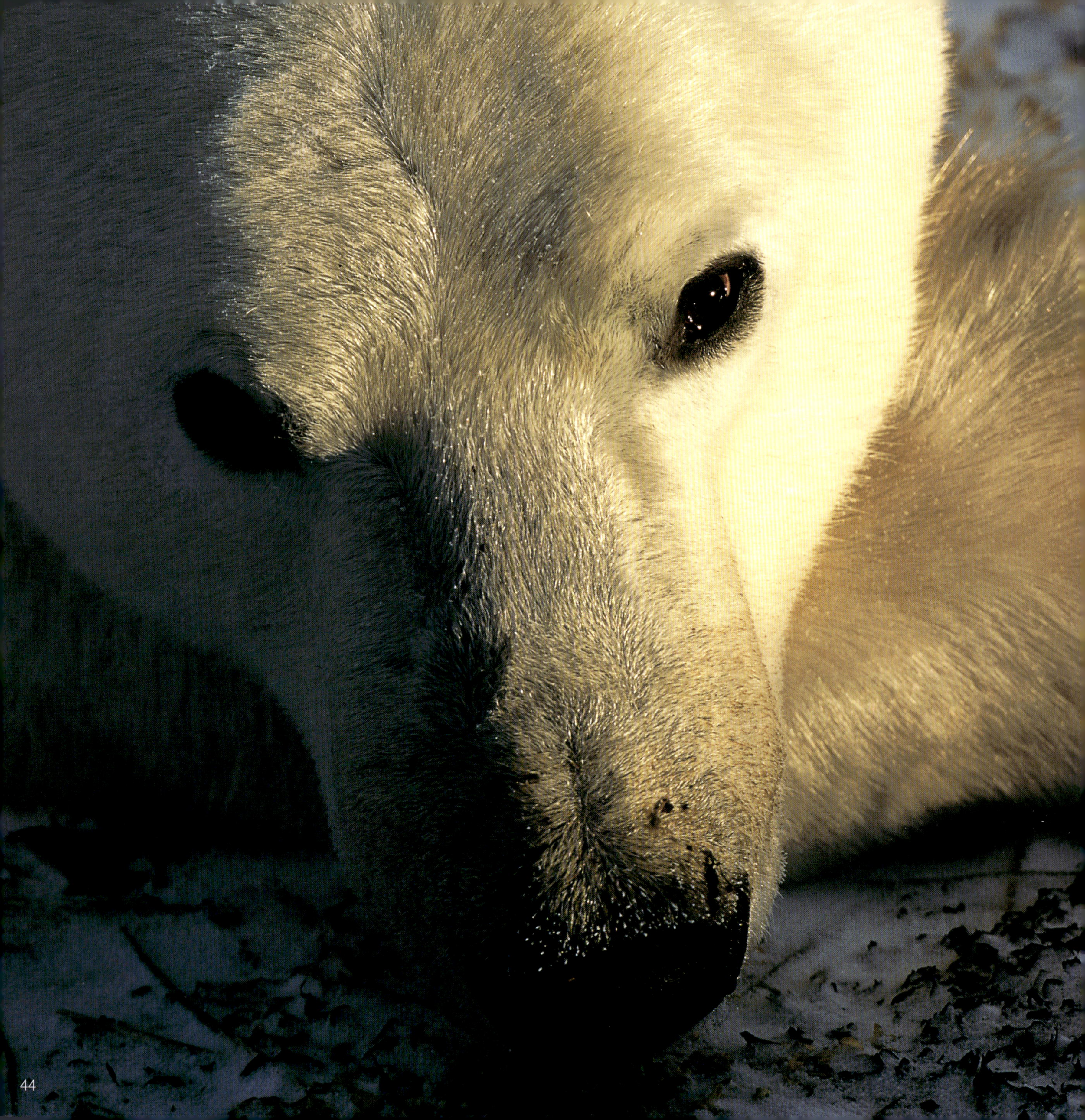

45

僅かな接点

7万年前、ヒグマから分かれたホッキョクグマは、
雪と氷の世界で生きるために独自の変化をしてきた。
ずんぐりとした白い身体は陸上最大の肉食獣として、極北の凍てつく世界で
生きていくための、最も洗練されたスタイルといえる。
しかしそのことは、僕が感じる彼らの魅力のほんの一部でしかない。
気持ち良さそうに眠り、美味しそうに食べ、激しいケンカの後でとても楽しそうに遊ぶ。
子育てをする母グマが示す愛情と献身には、人のそれと何ら変わるものは見あたらない。
自由に生きる彼らの内に人間の姿を垣間みるようだ。
野生動物と人の間に永遠と続く平行線に、ほんの僅かな接点でも見いだせればと、
いつも思っている。

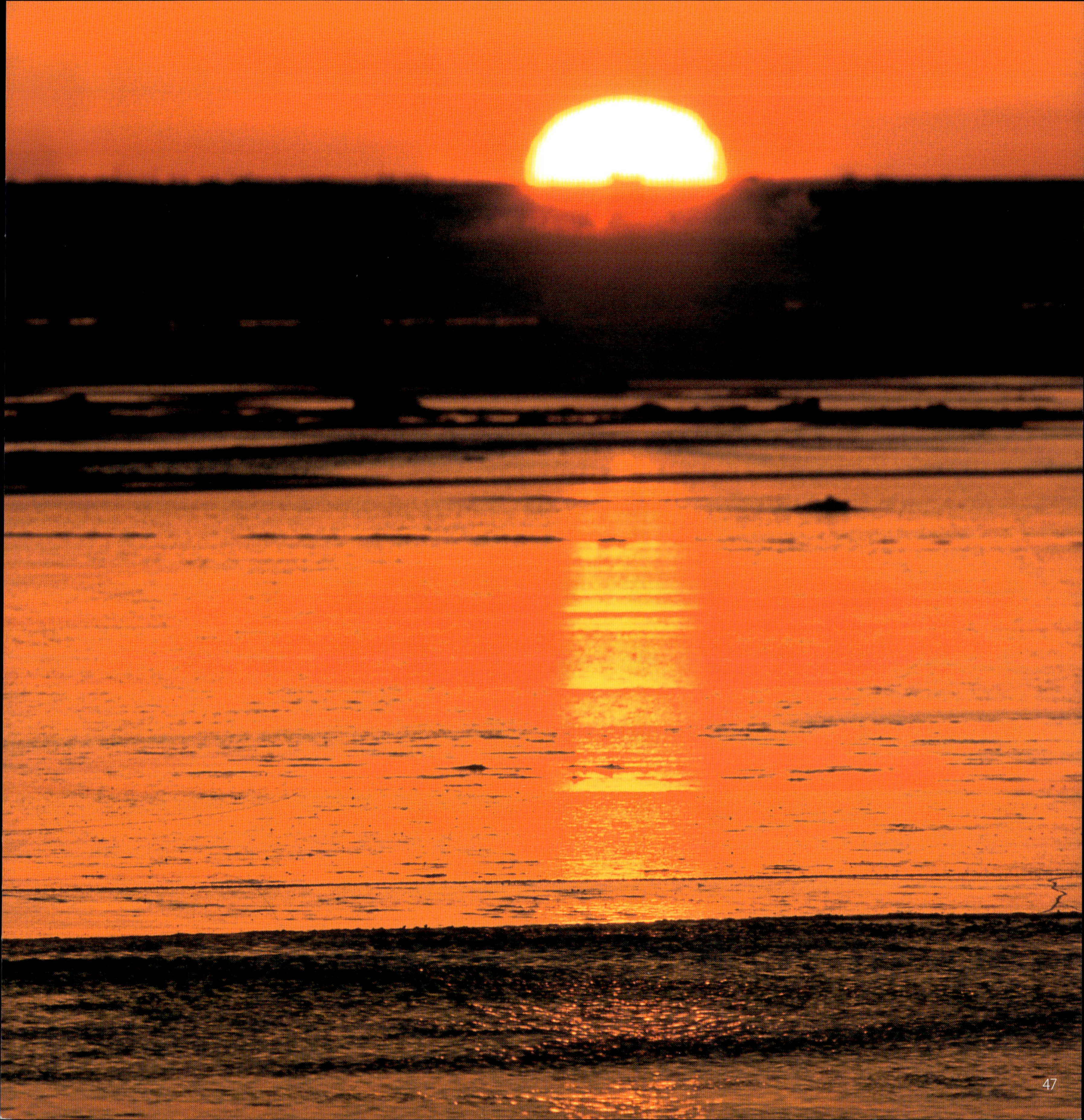

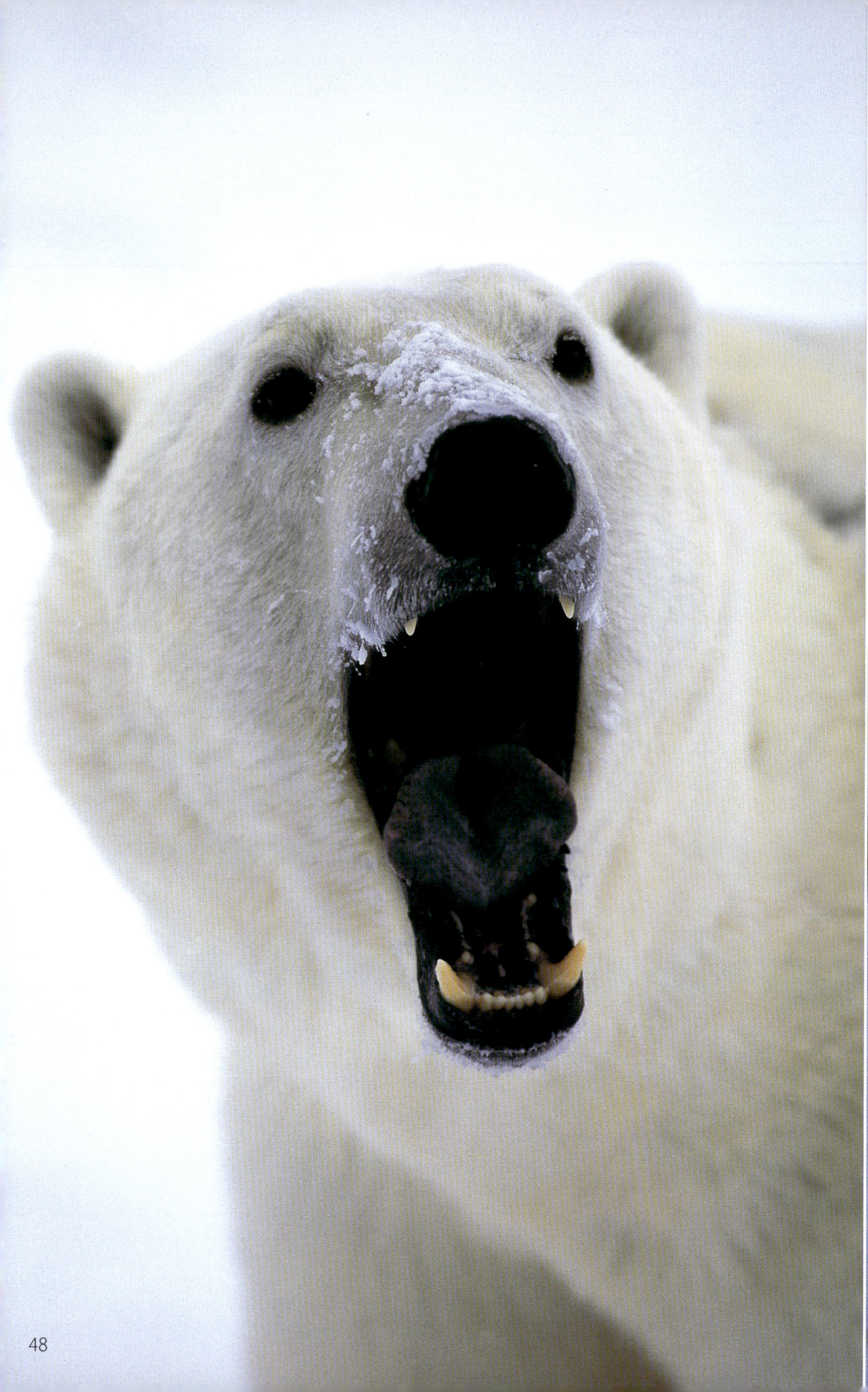
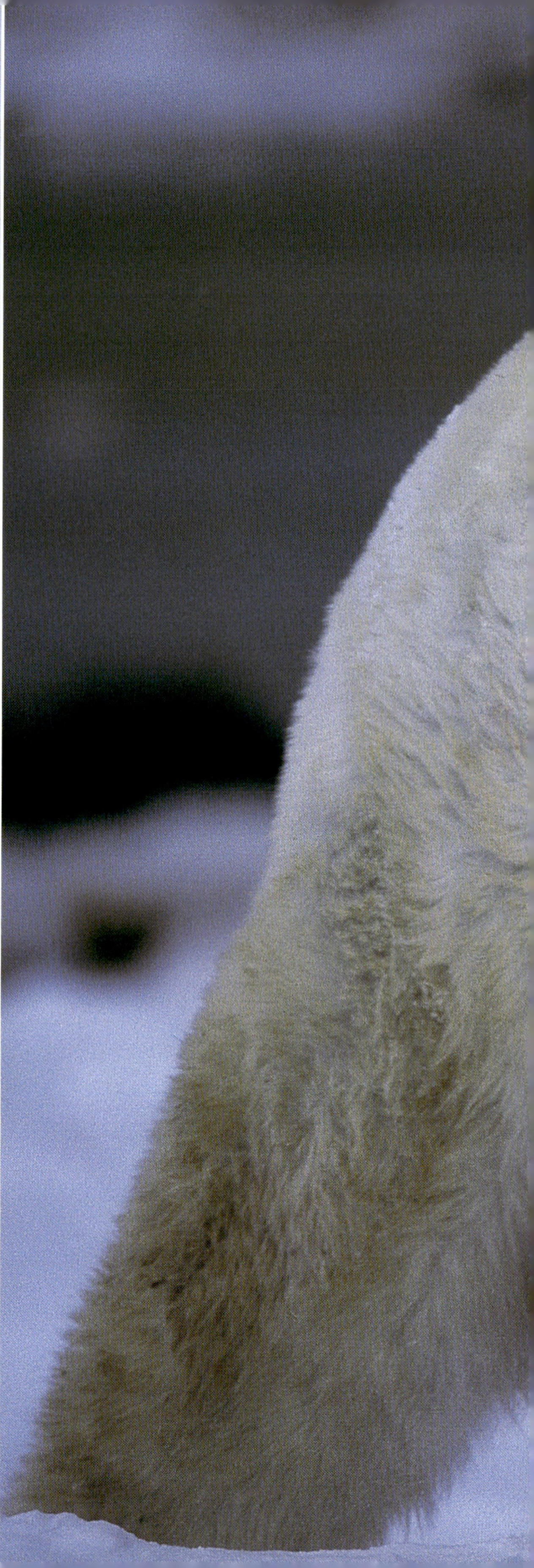

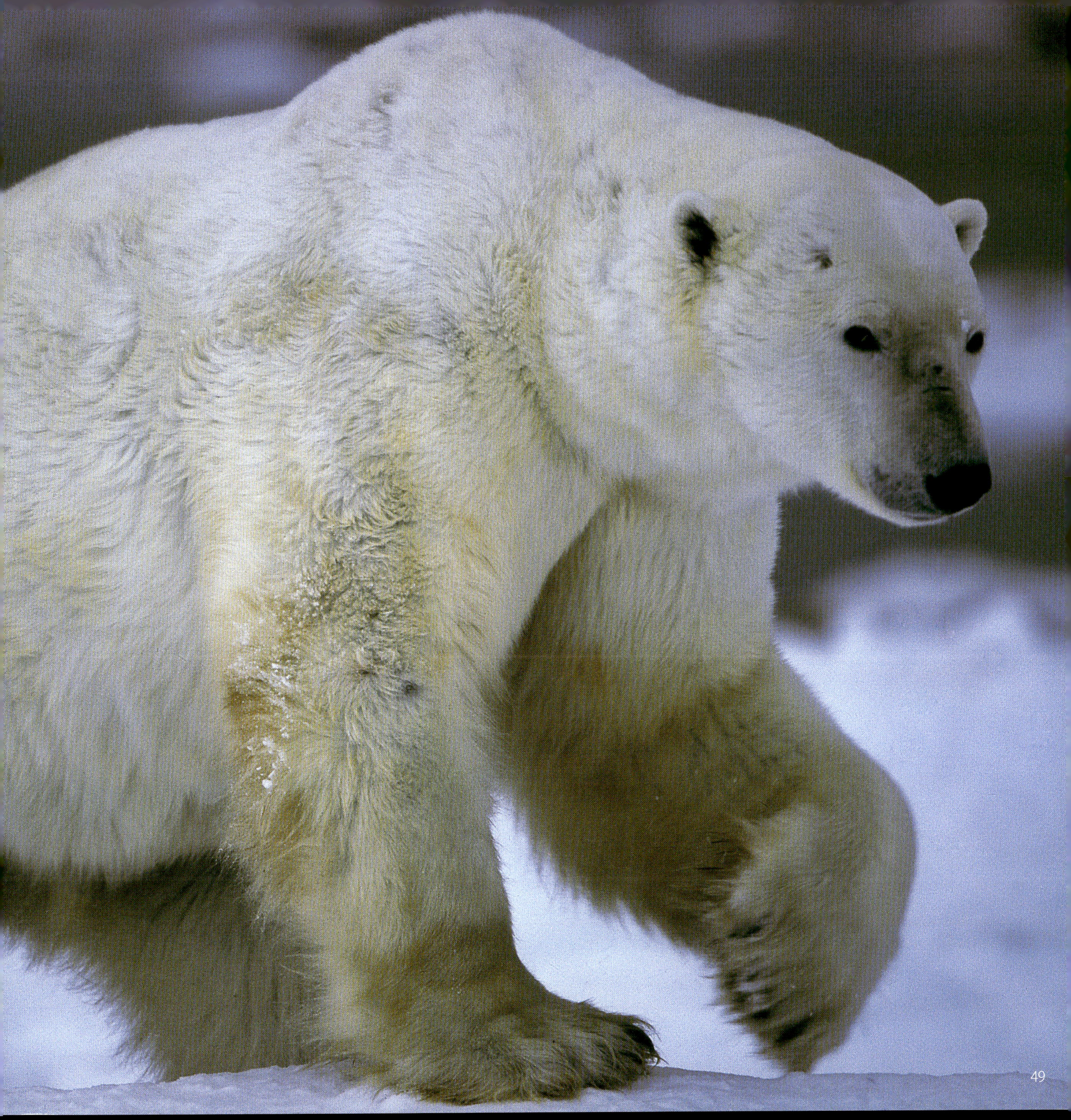

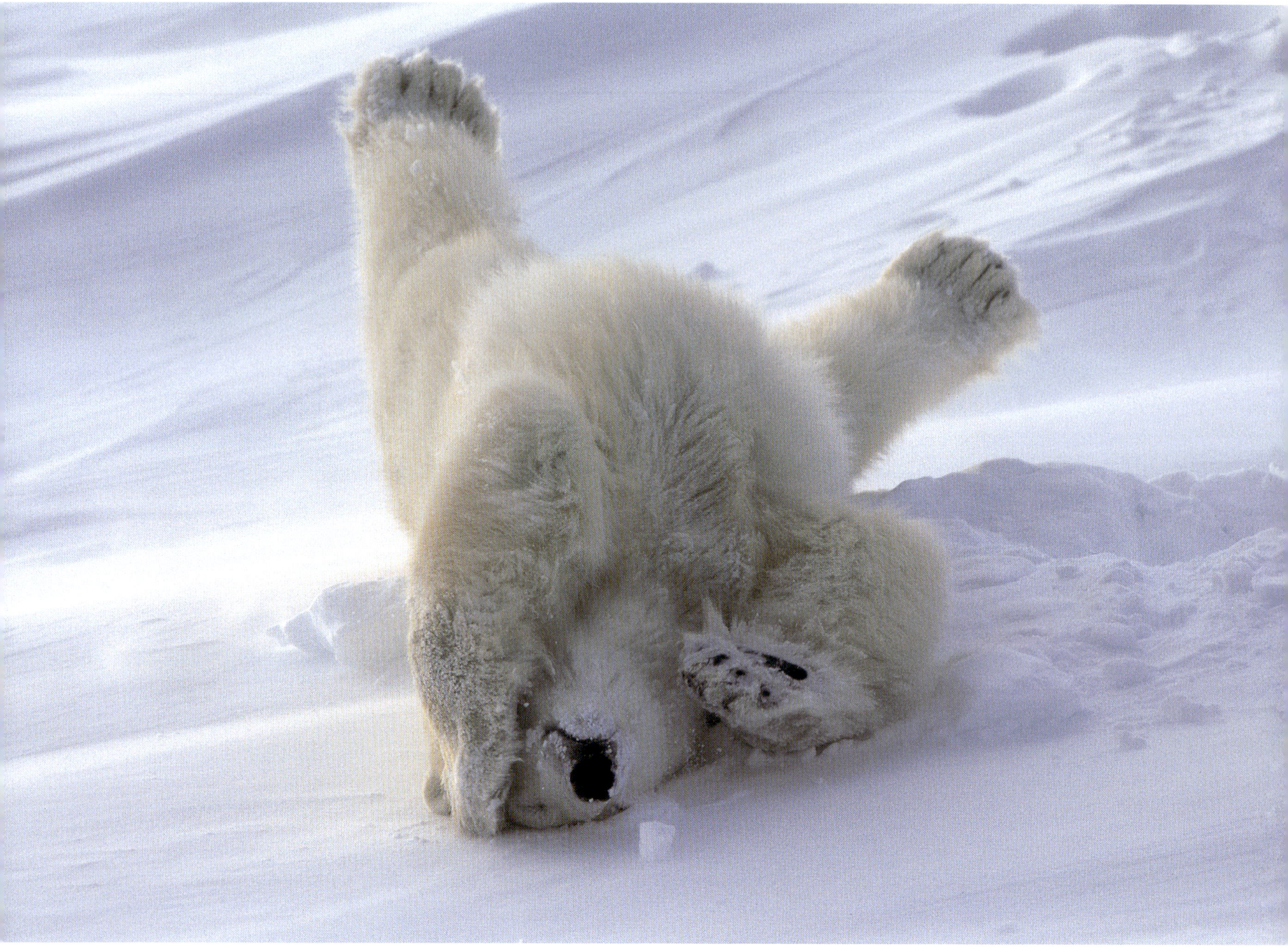

51

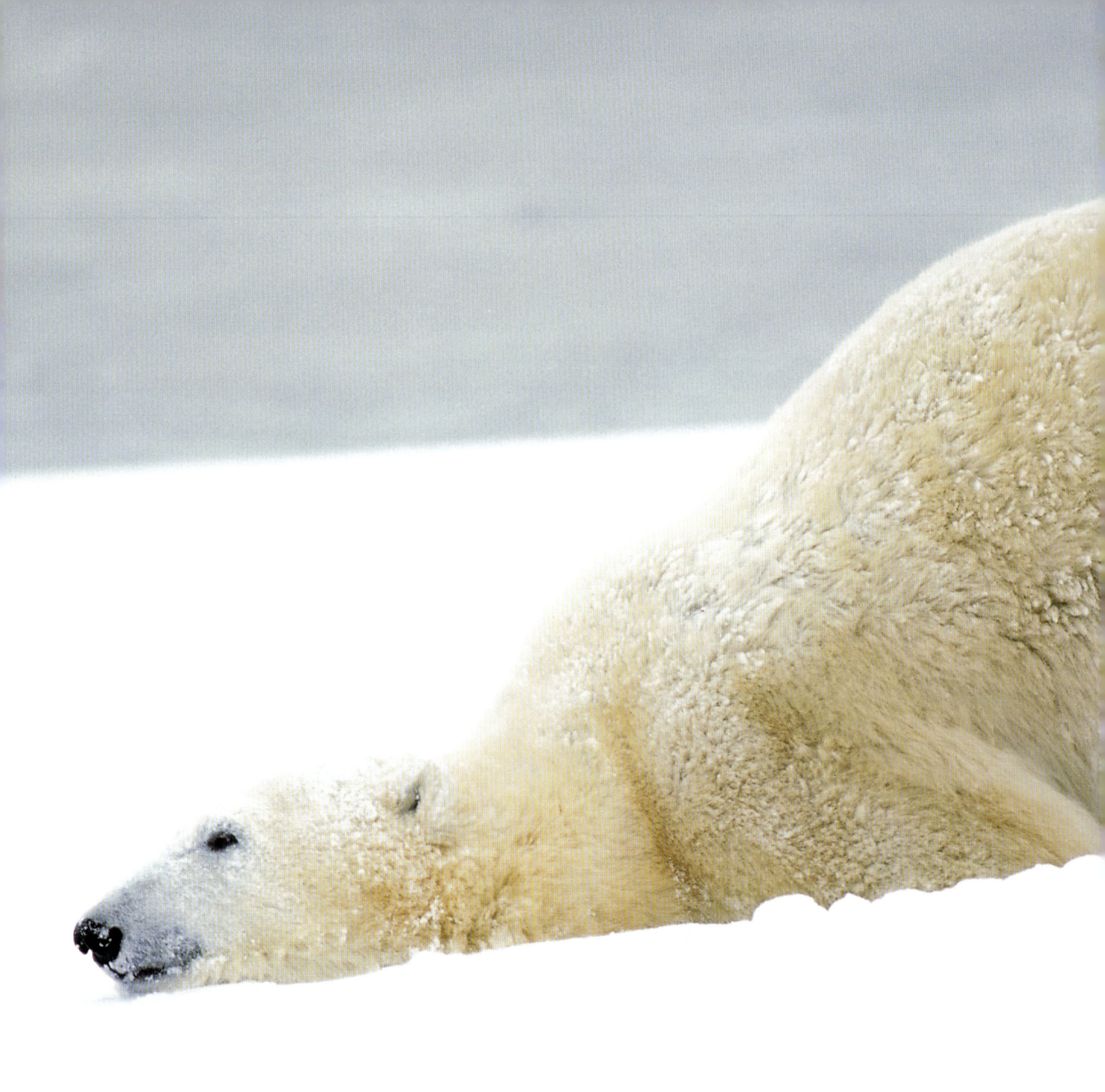

53

偉大なるナヌーク

子どもの頃からの遊び好きは、
大人になっても変わらぬ天真爛漫なホッキョクグマ。
何万年もの昔からホッキョクグマを狩り、食料や衣服、
寝具や犬の餌などに利用してきたイヌイットたちは、
時には逆に命を奪われながらも、
ともに生きる彼らを『偉大なるナヌーク』と呼び、
恐れ敬ってきた。

55

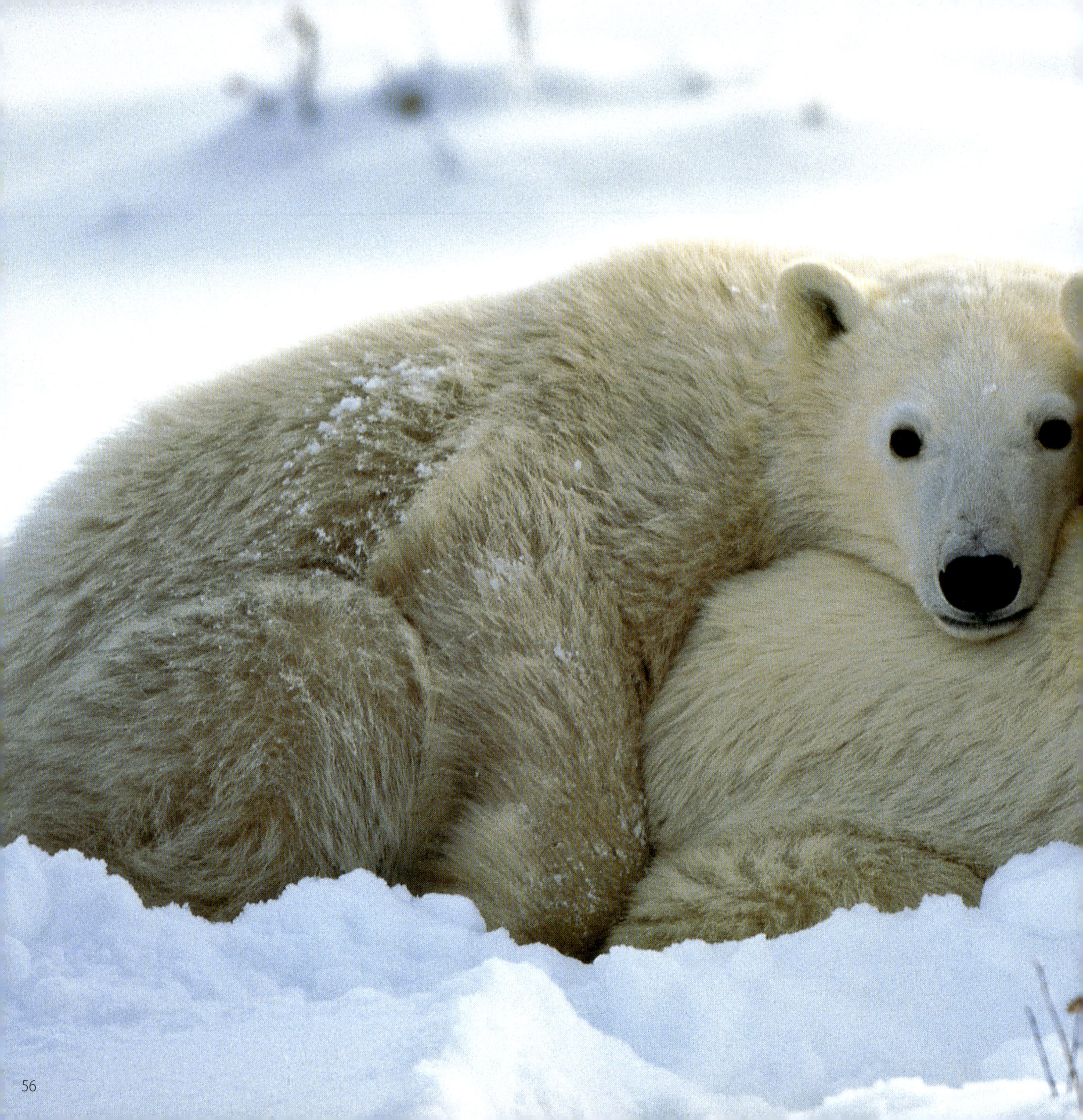

57

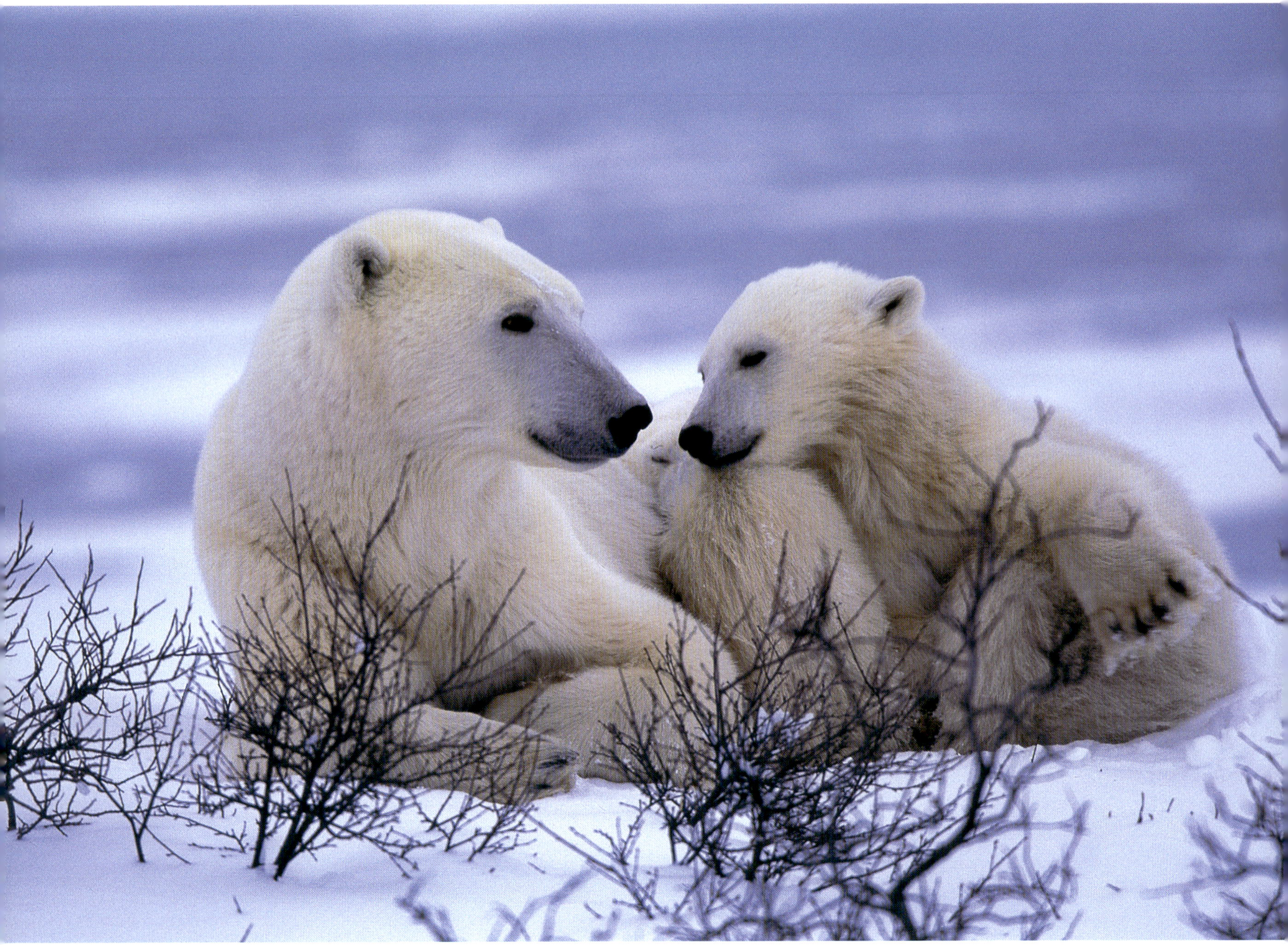

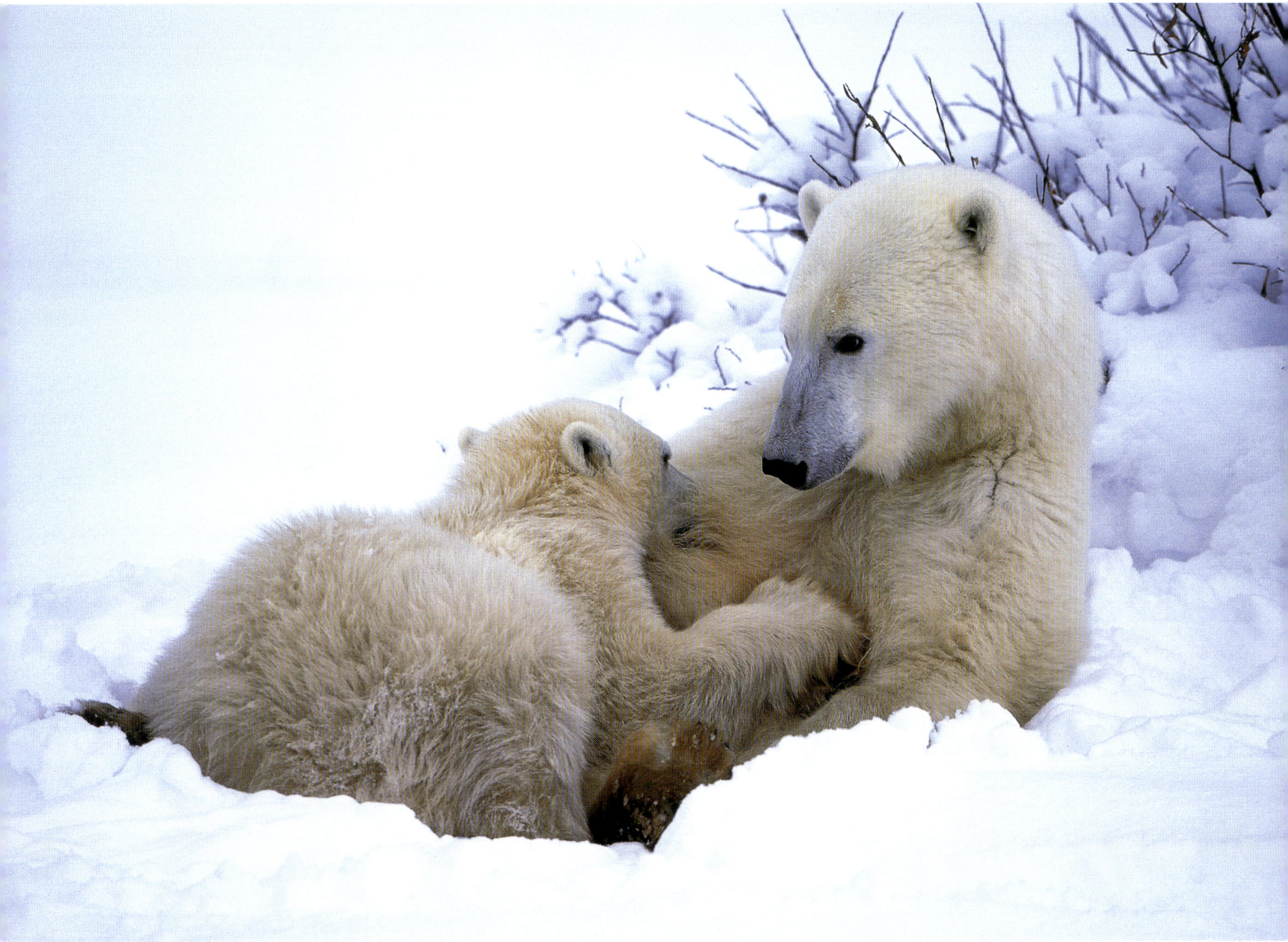

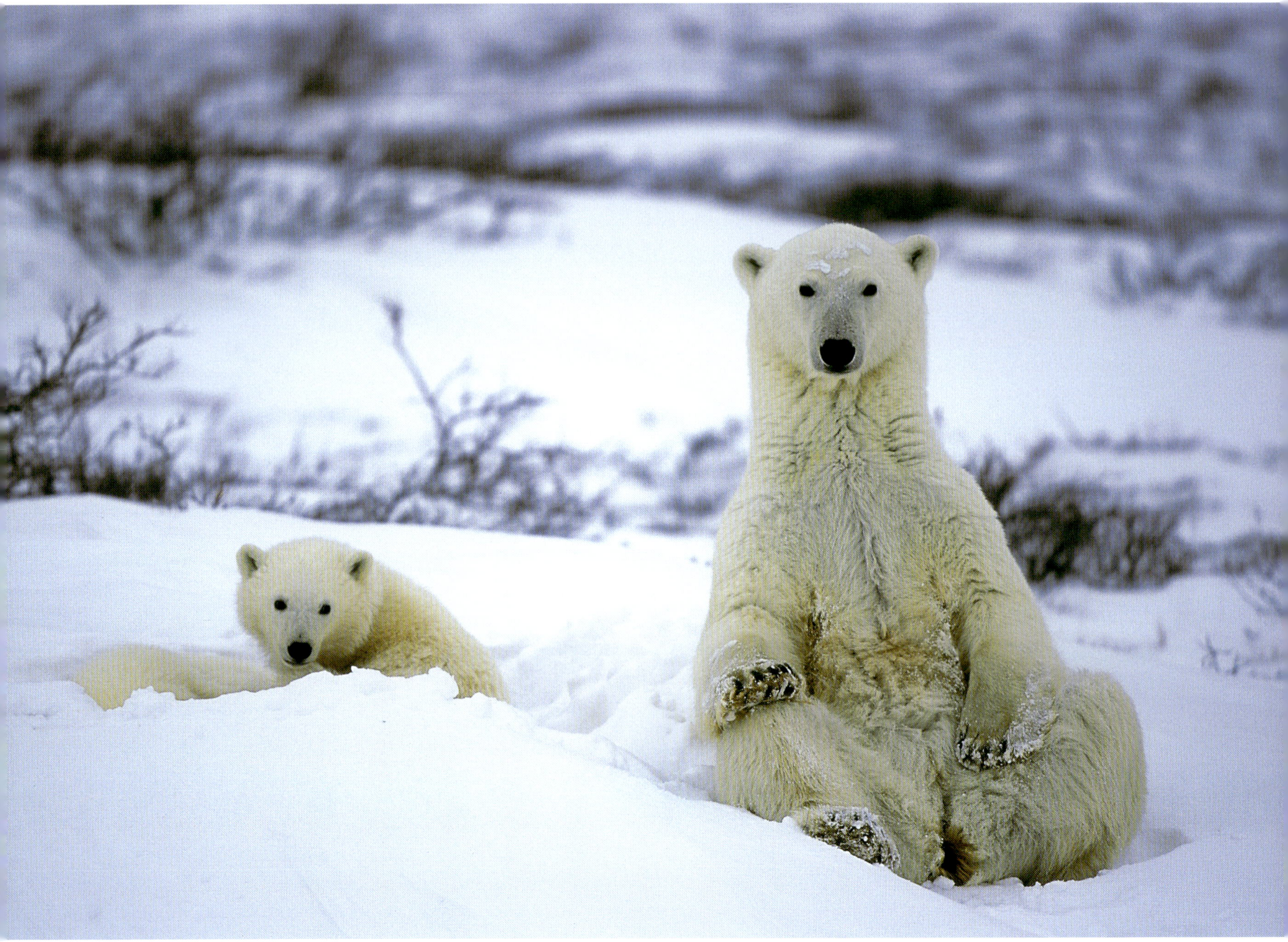

61

ホワイトワールド

白い世界で生きる白いクマたち。その単純なことのようでとても奥深い神秘。
この世界との調和をはかるかのように皆、美しい純白の毛皮を身にまとい、無機質のなかに生命の彩りをそえる。
氷点下50℃にも達するなかで繰り広げられる彼らの熱い営み。
様々な環境で生きのびる、生命の多様性に驚愕せずにはいられない。

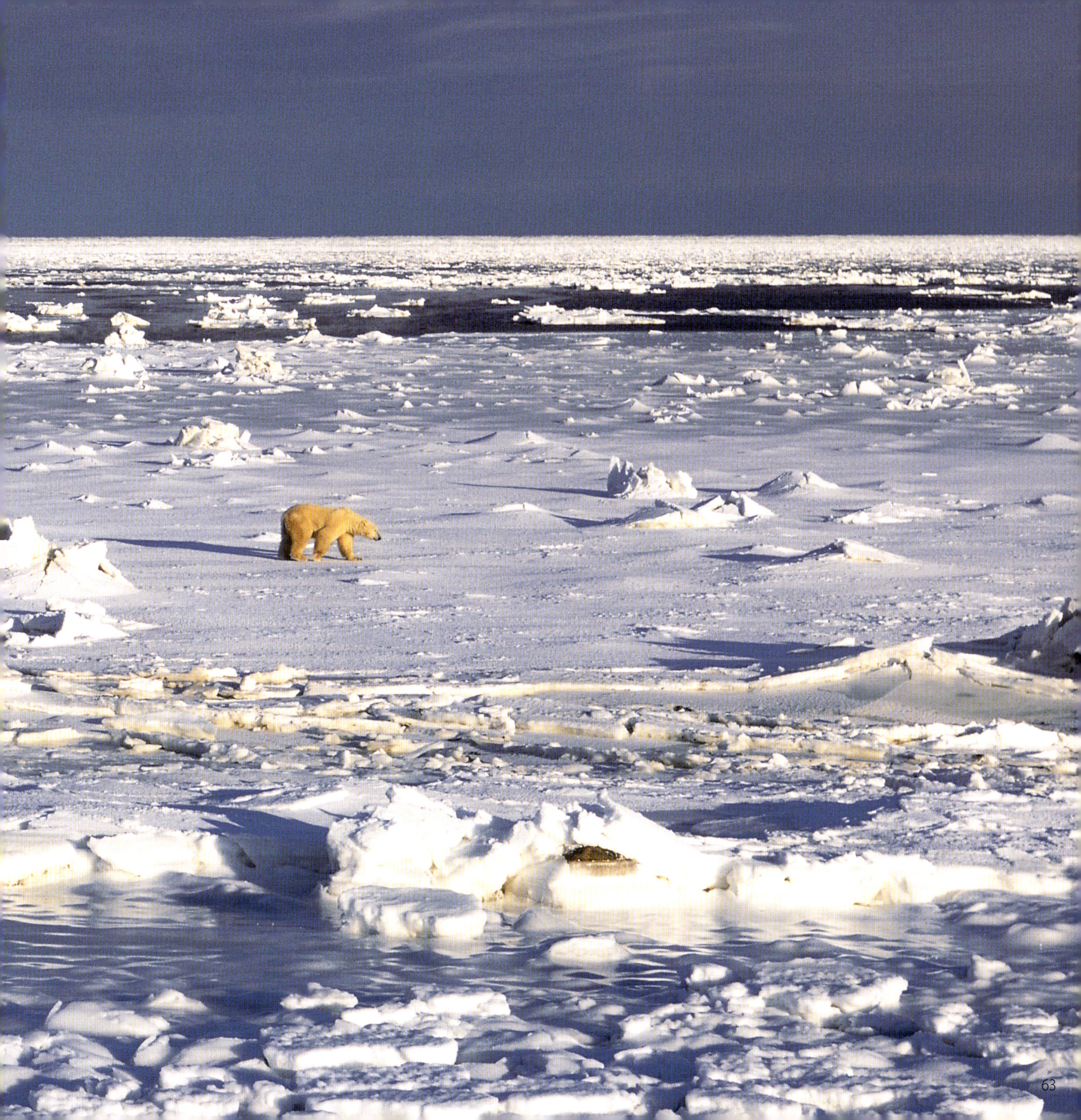

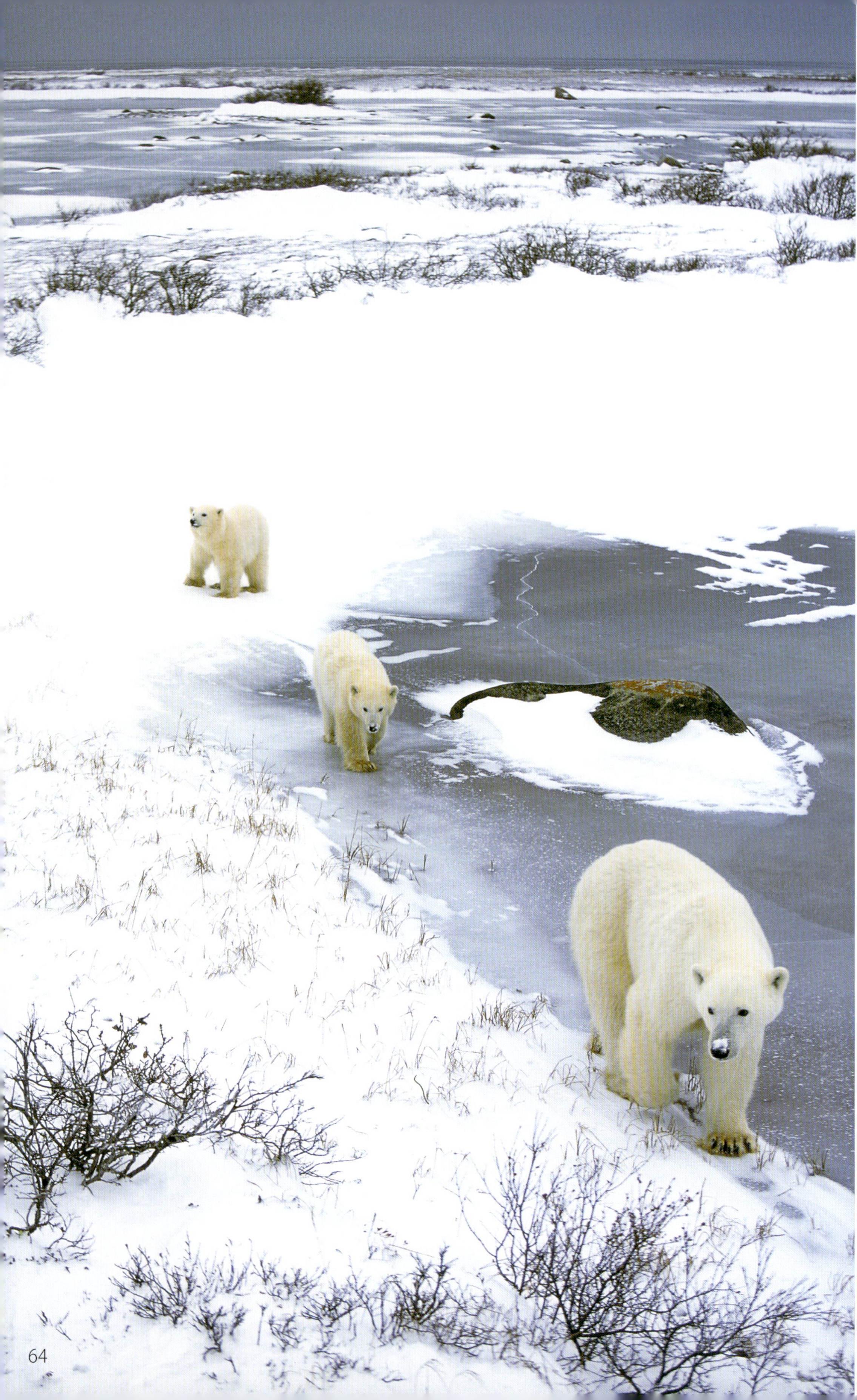

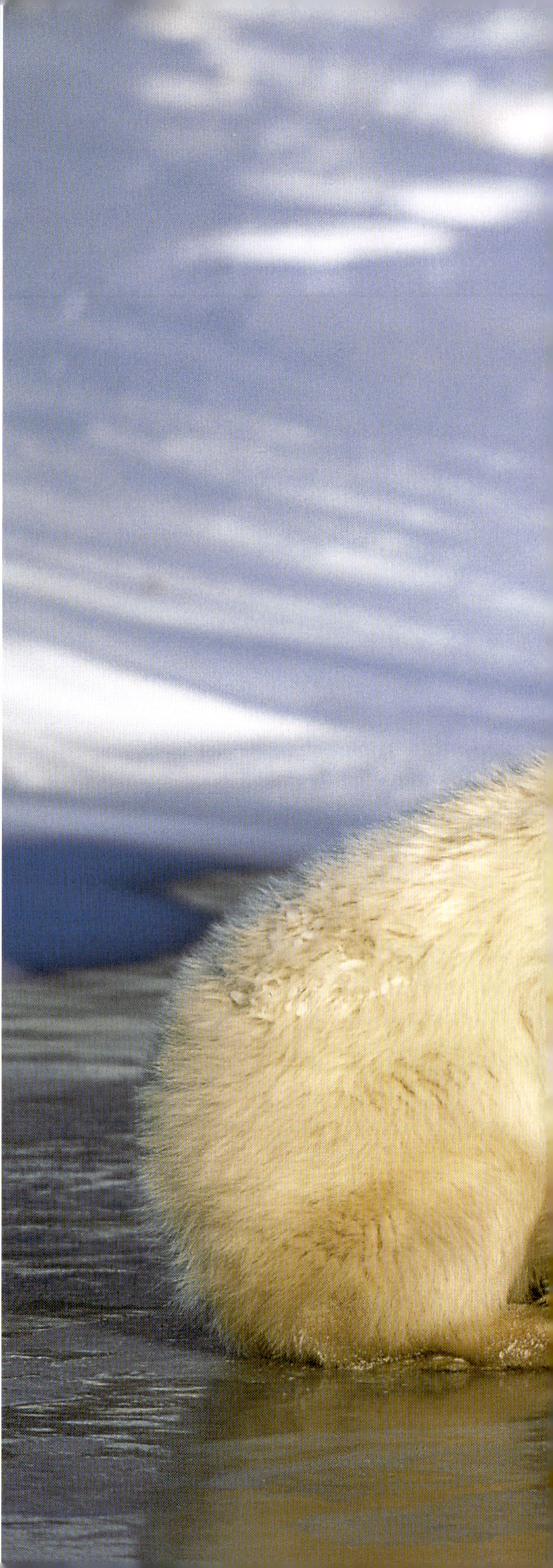

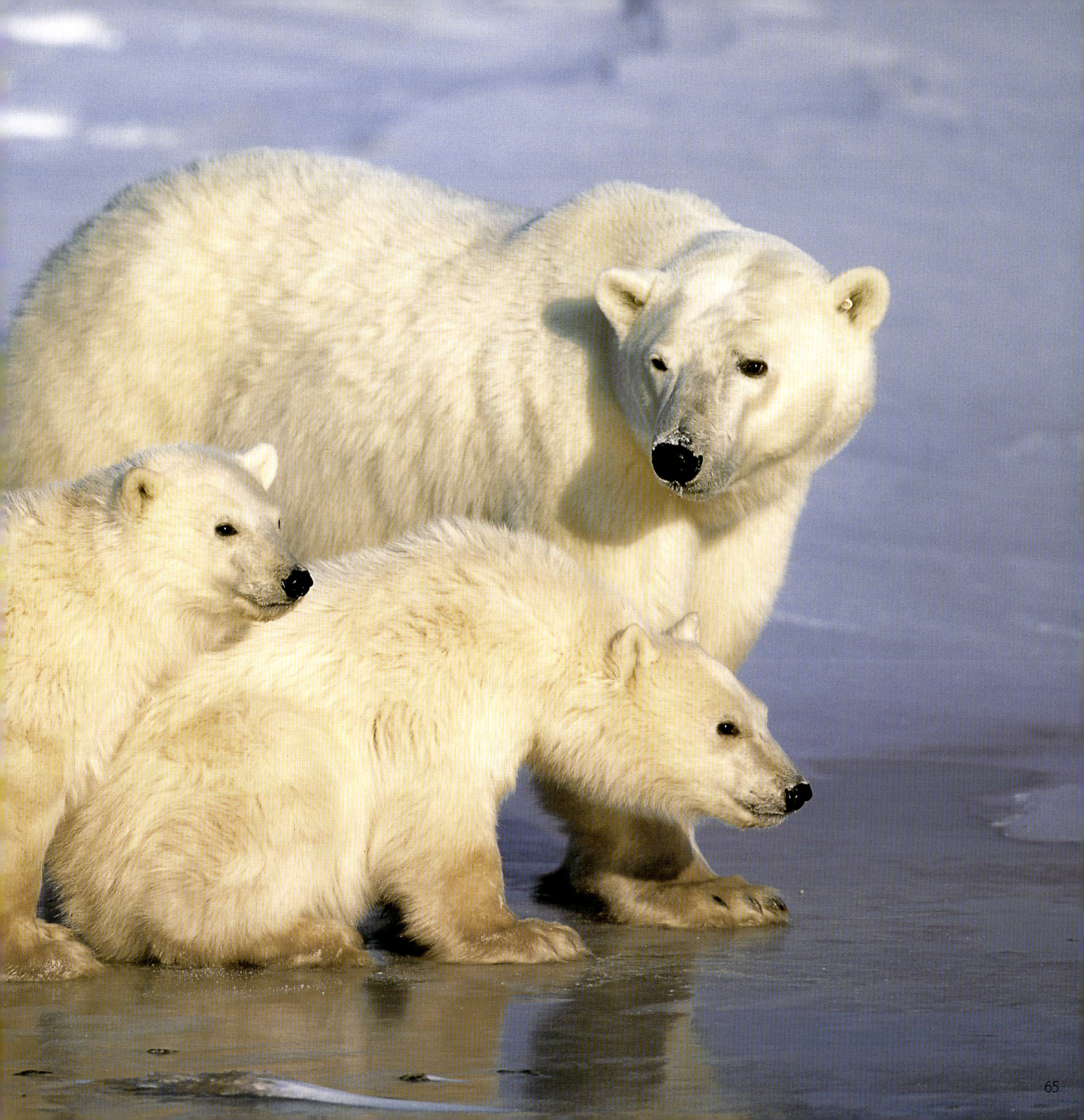

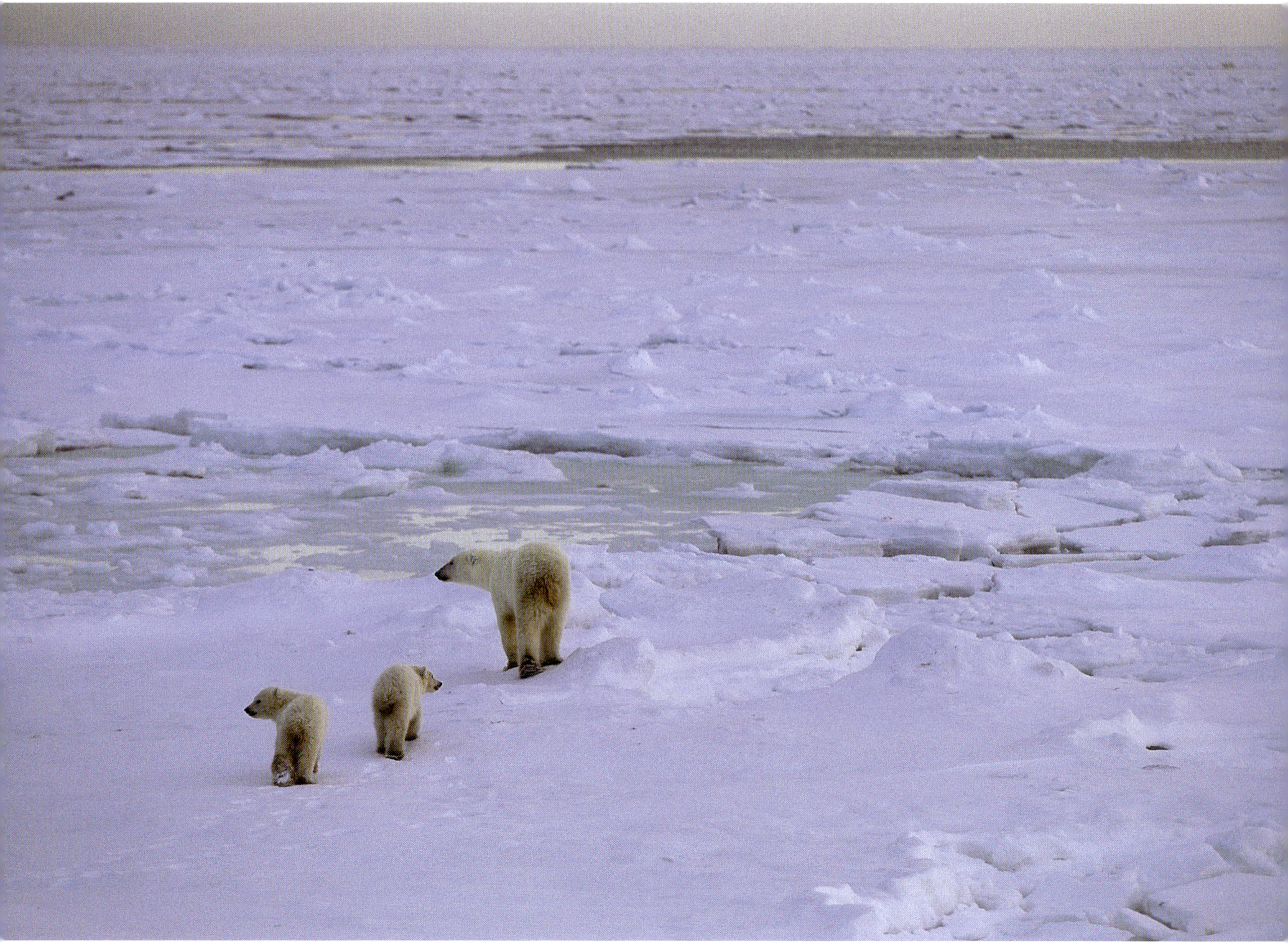

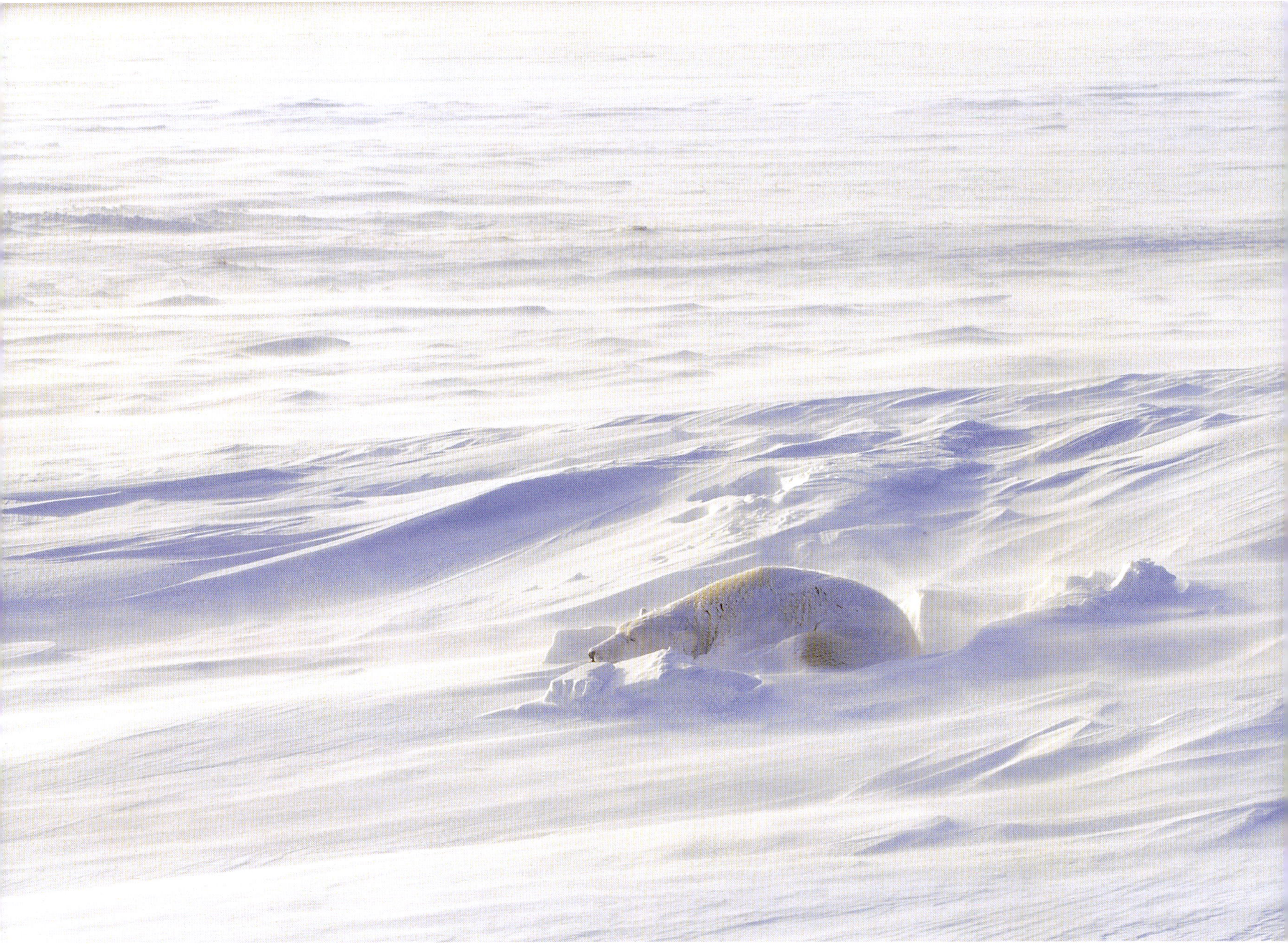

68

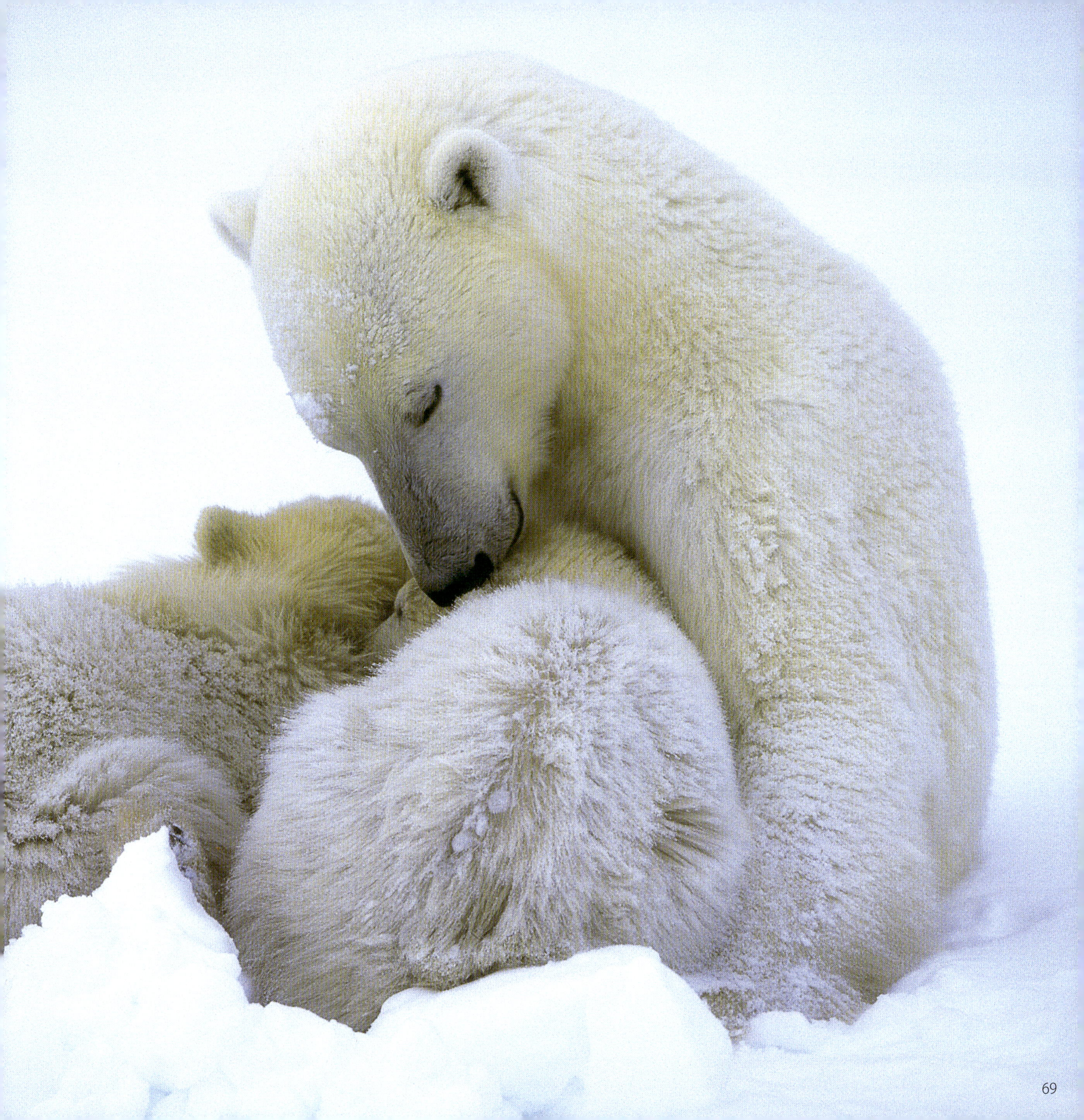

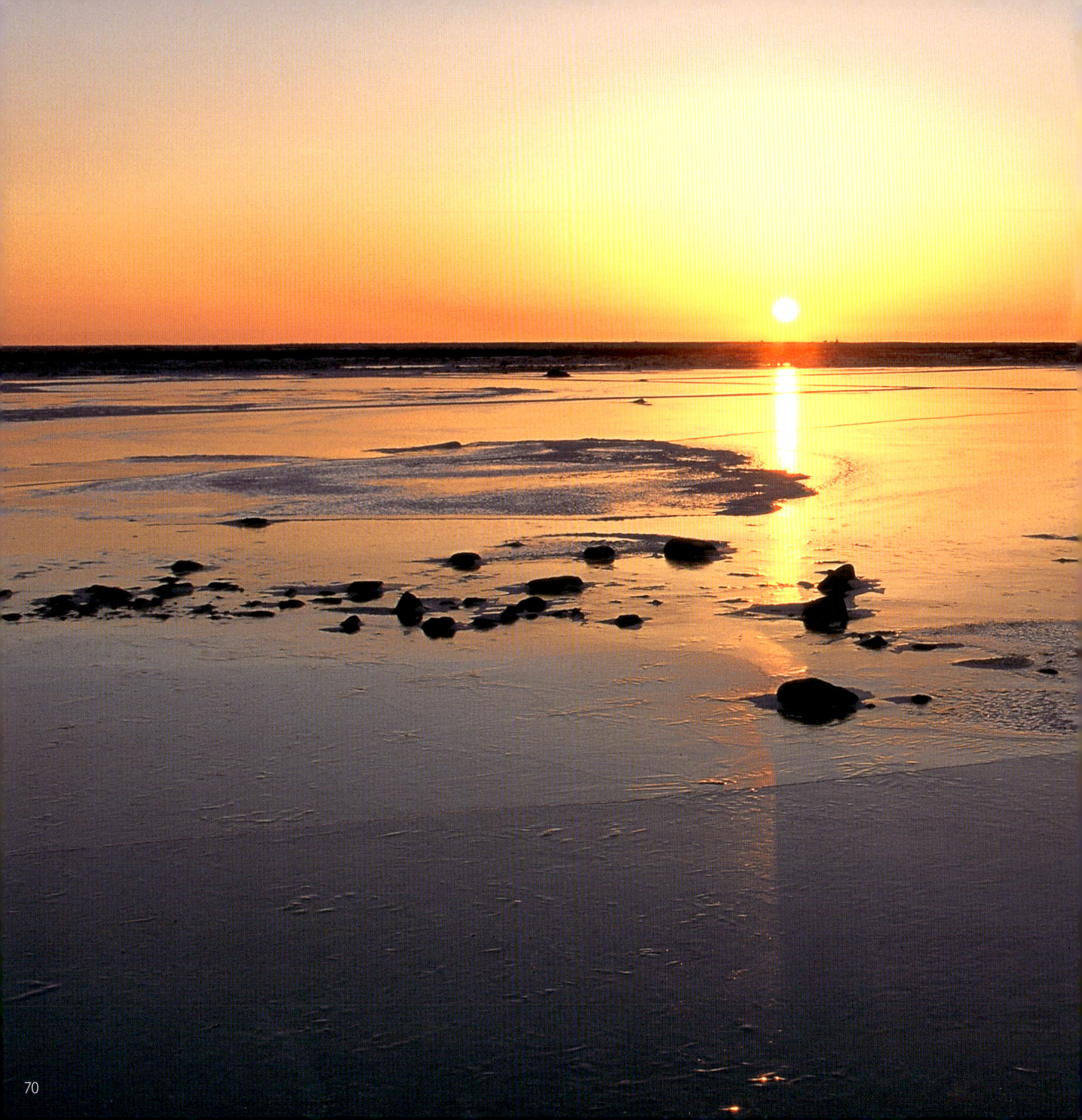

ナヌークの言葉

夜明け前、宇宙からおり立つ闇が、ひと粒ひと粒、雪の結晶にしみわたり、
天との境界線のなくなった氷原は、蒼黒の世界を創りあげている。
気持ちよく暖まった寝袋を抜け出し、ぼくは外に出てみた。
気温計は氷点下25度を指したまま凍りついている。
見上げた空には悠久の過去から、今まさに到達した無数の光が一斉にきらめき、
どこか遠い銀河に浮かぶ氷の惑星にいるような、そんな心地よい錯覚に浸っていると、
微かな風の中に、力強く息を吐く音が聞こえてきた。
それは、太古に刻まれた本能を震わせる、確かな野生の息吹だった。
どこにいるのか目をこらして辺りを見ても、視覚は闇に吸い込まれてしまう。
姿の見えない彼らの強烈な存在感。
ぼくはこみ上げる畏敬の念とともに、静かに耳をすましていた。

JAPAN
Ezo brown bear & Asiatic black bear

野性の営みが、これほどあるがままに繰り広げられている世界が
日本にもあったのか。知床を訪れてそう思った。
手つかずの、桁はずれなスケールをもつ海外の自然と比べると、
その規模でいったら地味でささやかな自然かもしれない。
だが野性の濃厚な深みがここには存在する。
ヒグマをはじめ、エゾシカやキタキツネなどの哺乳類、
オオワシやシマフクロウなどを頂点とする多種多様な鳥たちが、
遡上するサケやマスとリンクし渾然一体となって息づいている。
そして人間とのせめぎ合いの中、その危ういバランスを保ちつづけている。

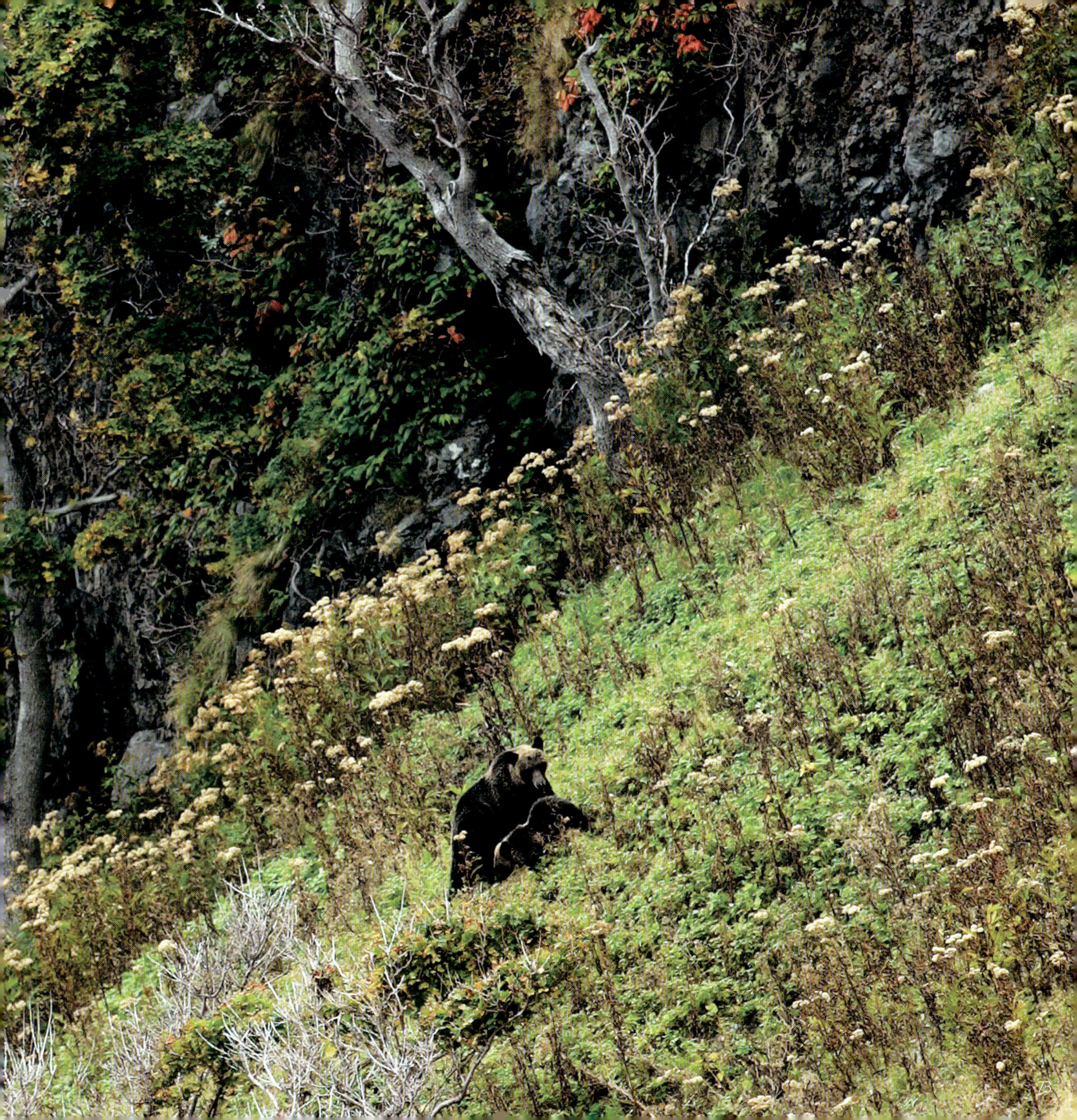

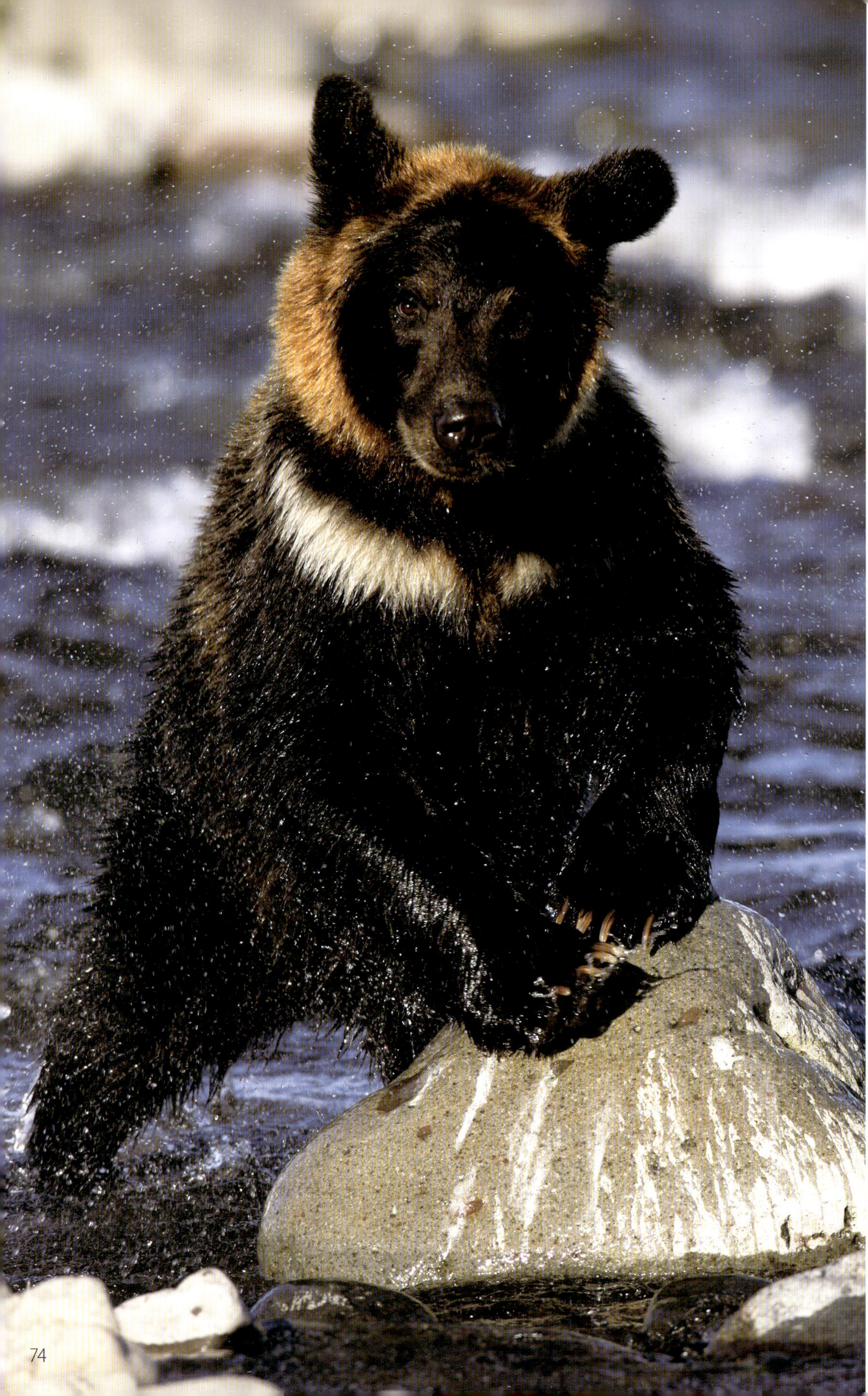
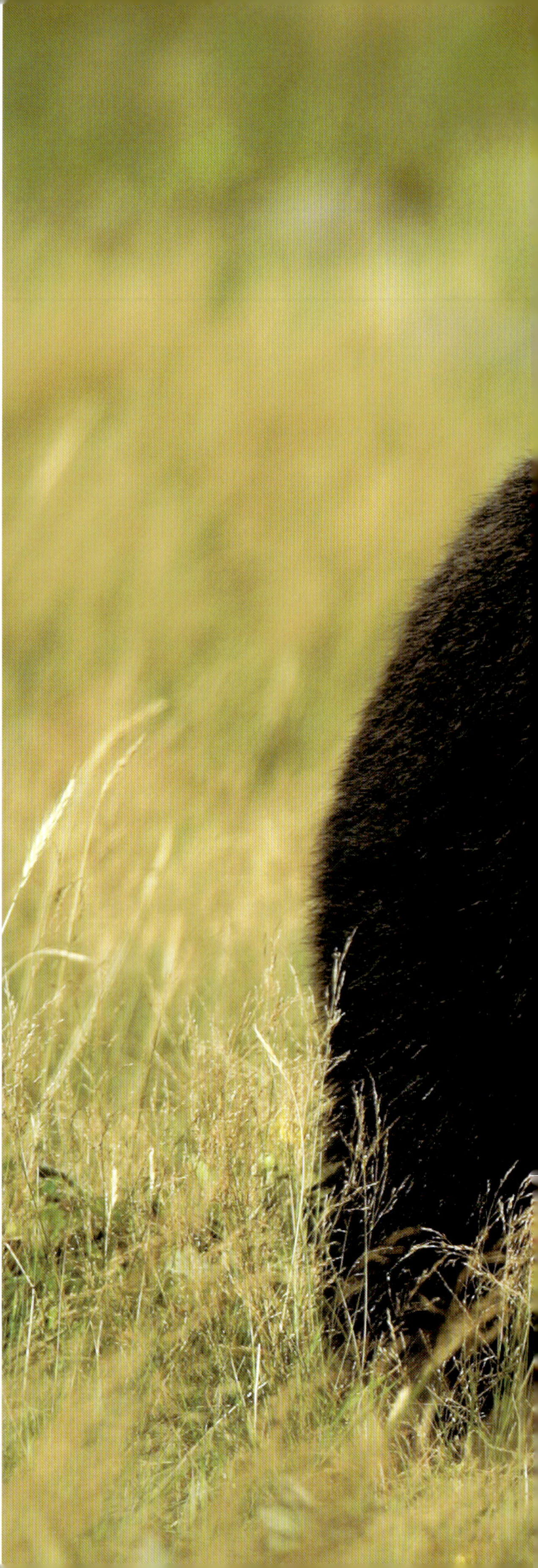

75

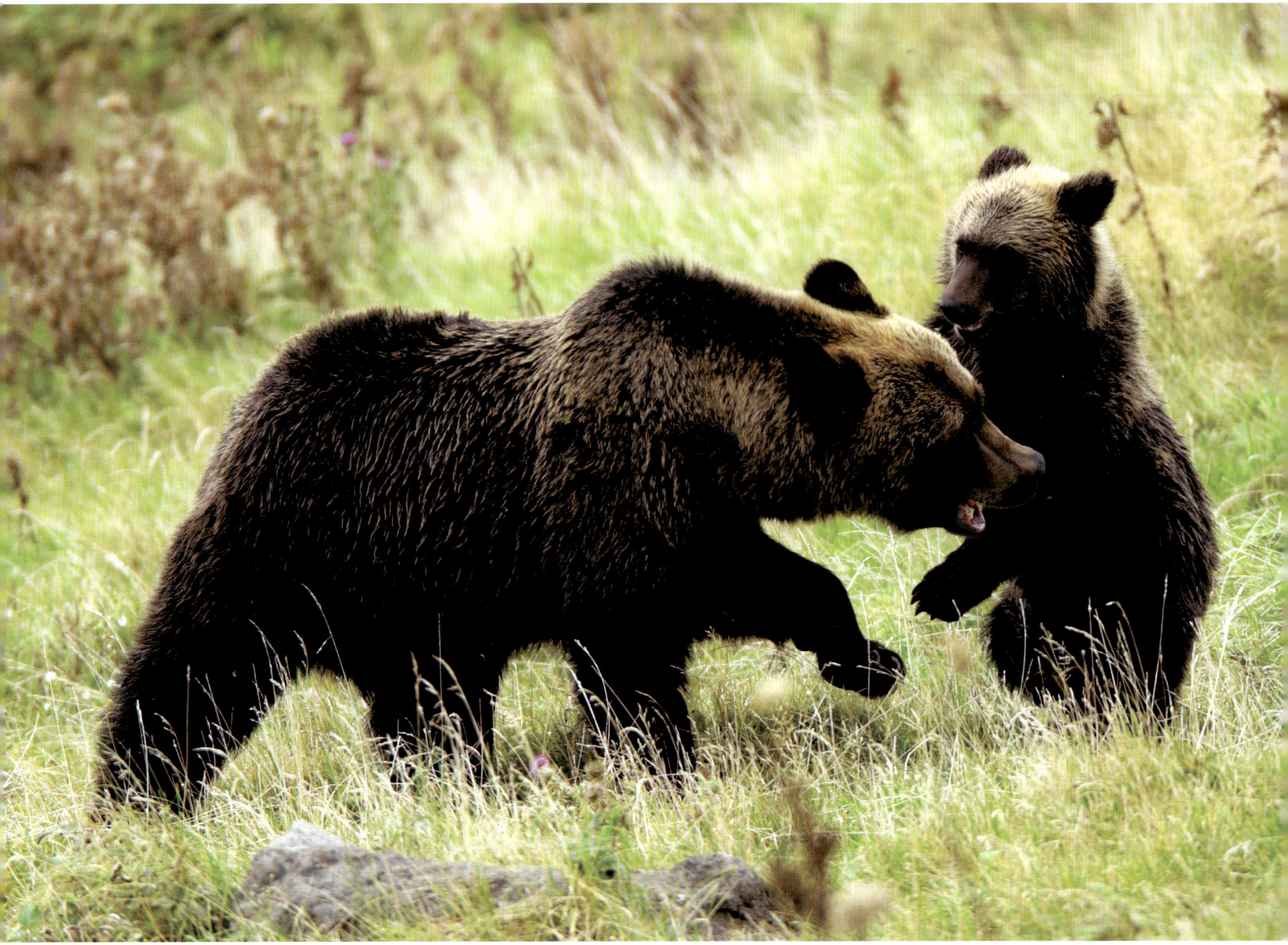

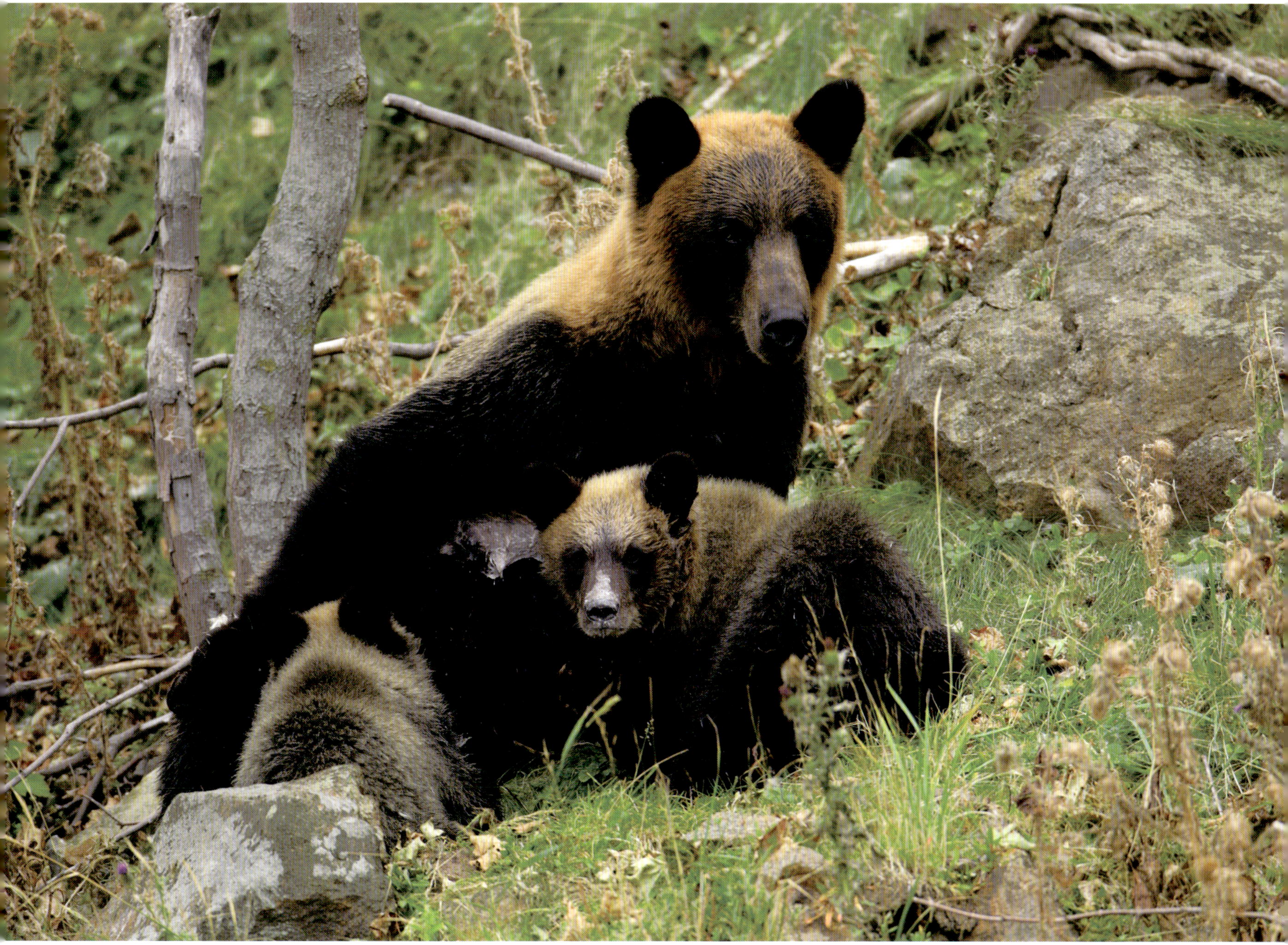

温かな光景

くつろぐ親子のもとへ、若いヒグマが近づいてきた。
それまで穏やかだった母グマは怒濤の勢いでその若グマに突進し、
山の斜面を逃げる若グマをとことんまで追い込んでいく。
行き場を失った若グマは観念したように大声でひと鳴きし、
納得したのか母グマは、心配そうに事の成り行きを見守っていた
子グマたちのもとへと帰っていった。
母グマを出迎えた子グマたちは、
互いに鼻づらをくっつけ何かを確認し合いながら、
うれしそうにはしゃぎまわっていた。

79

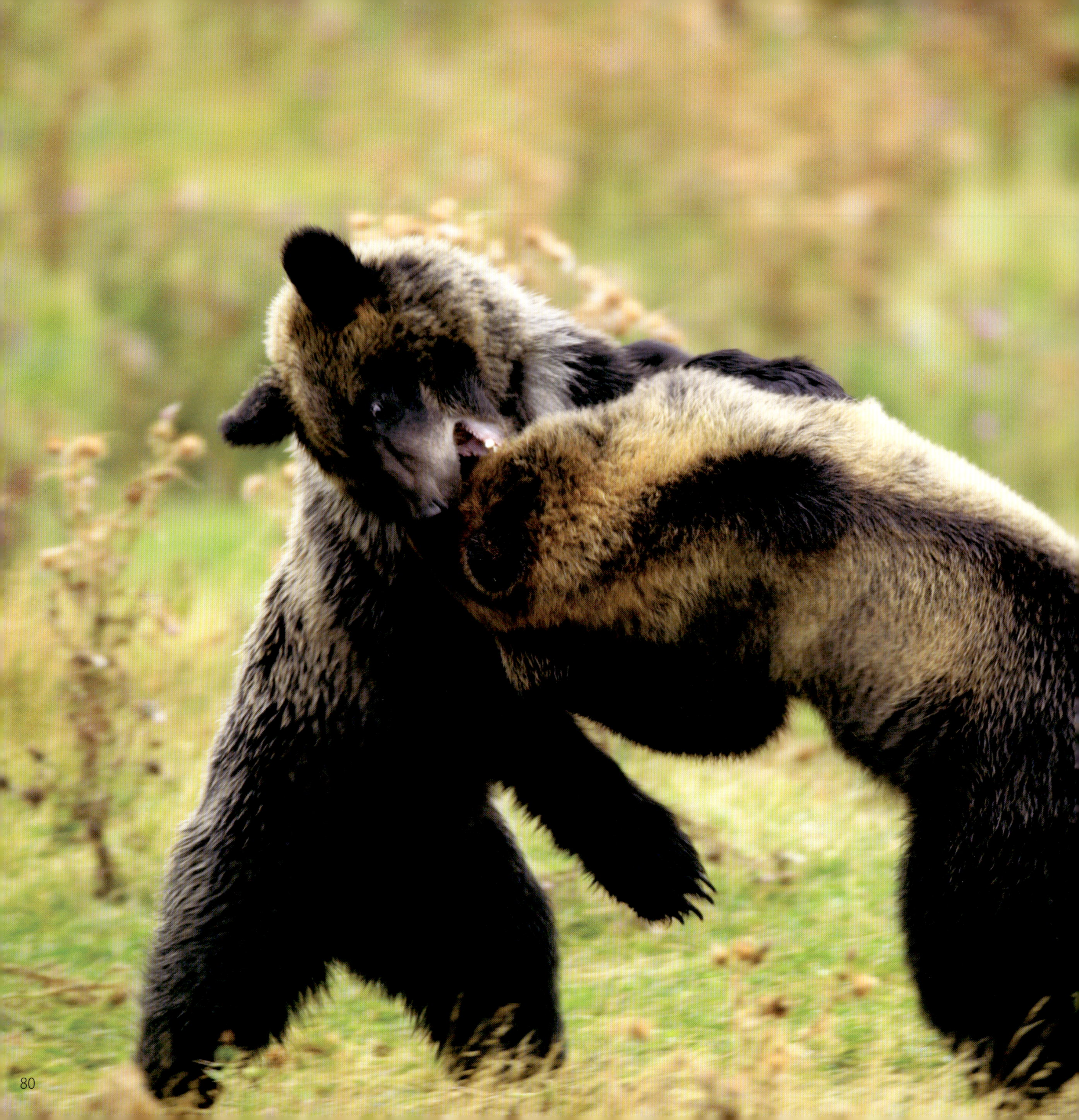

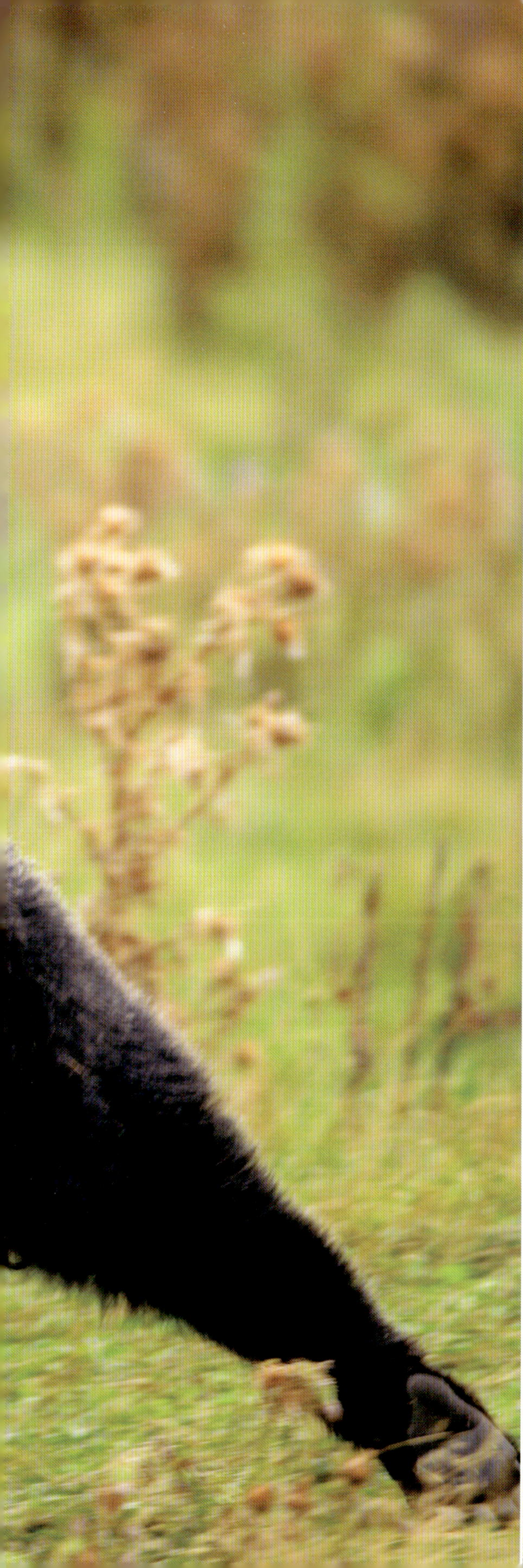
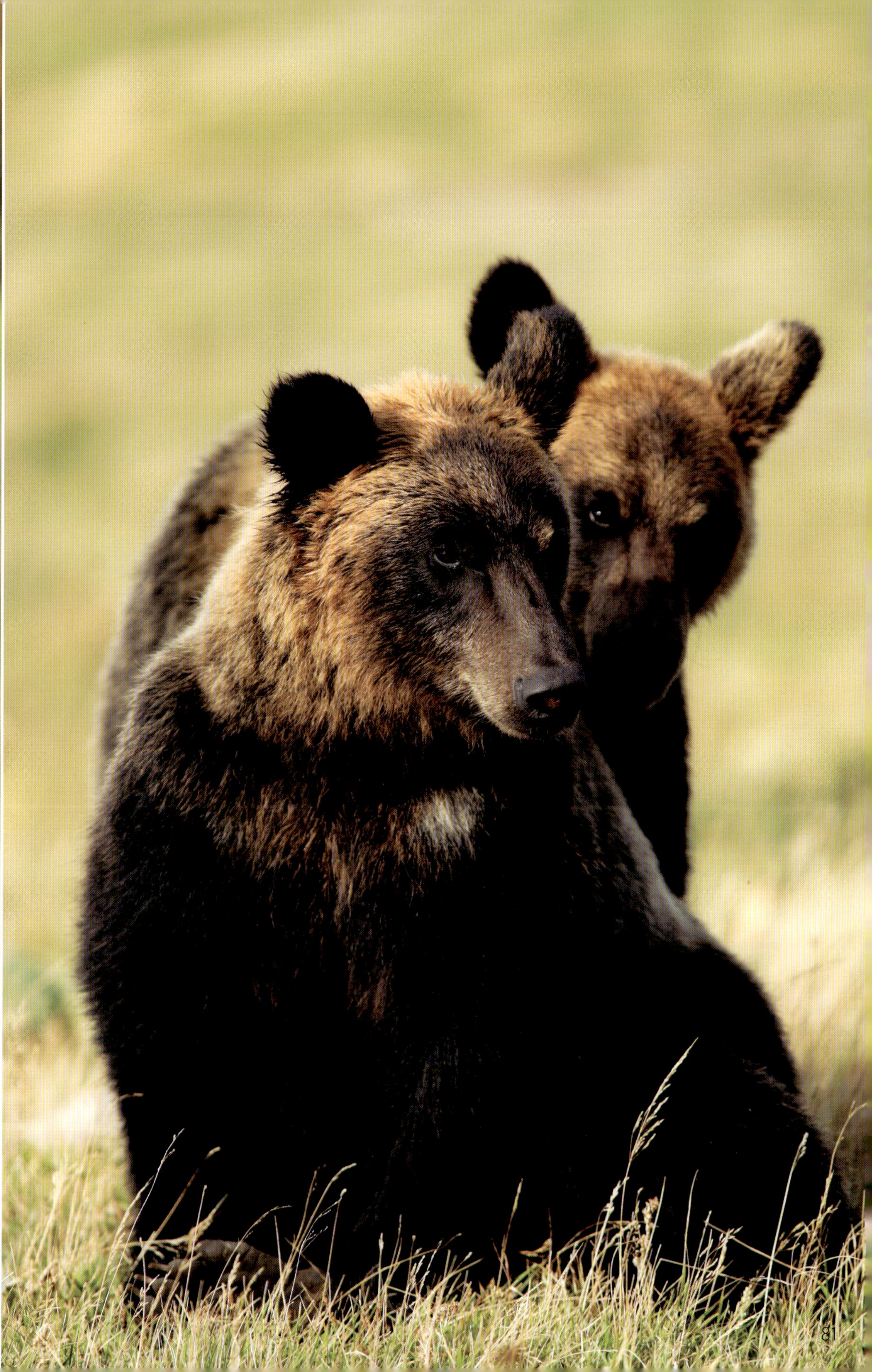

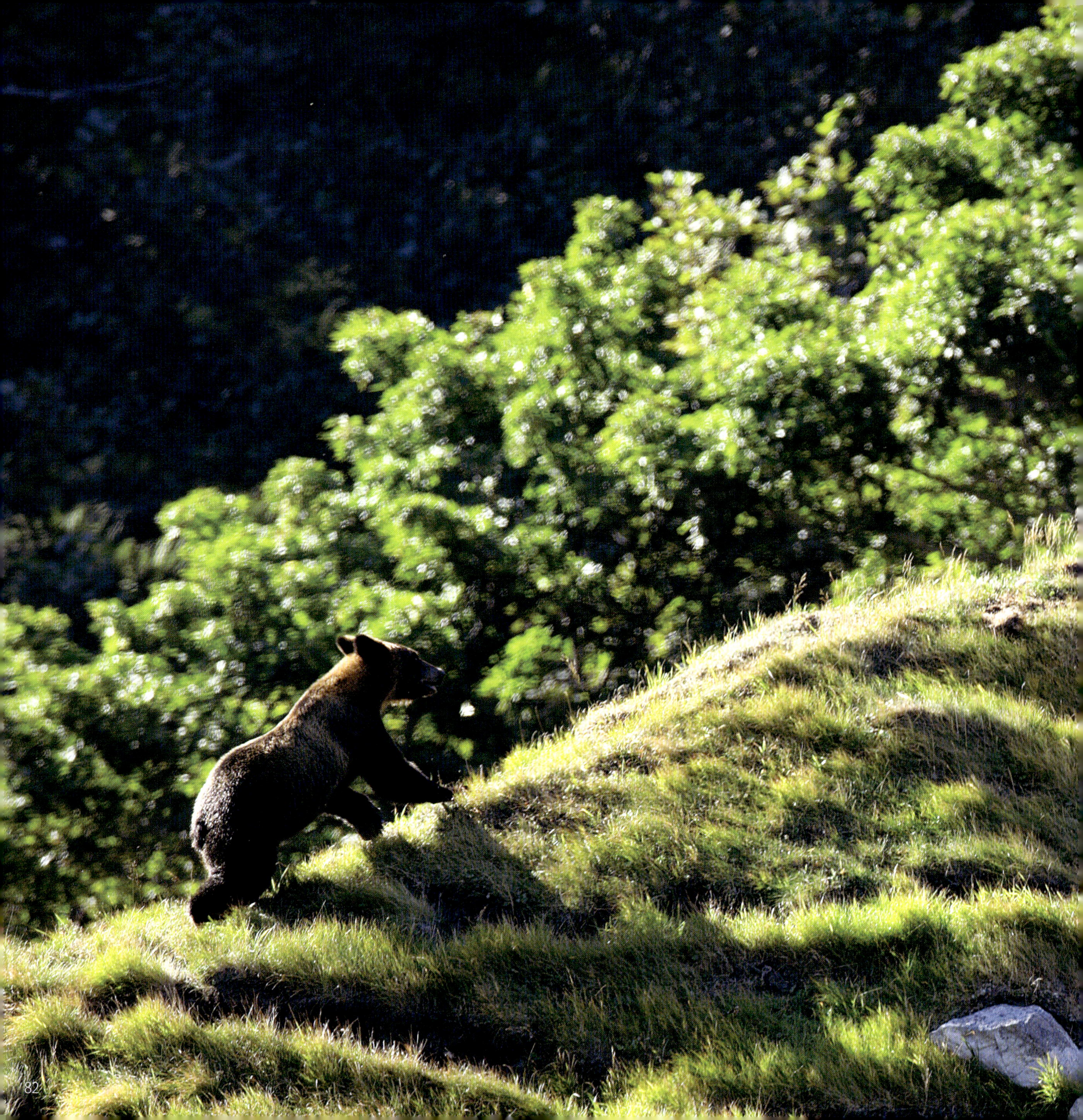

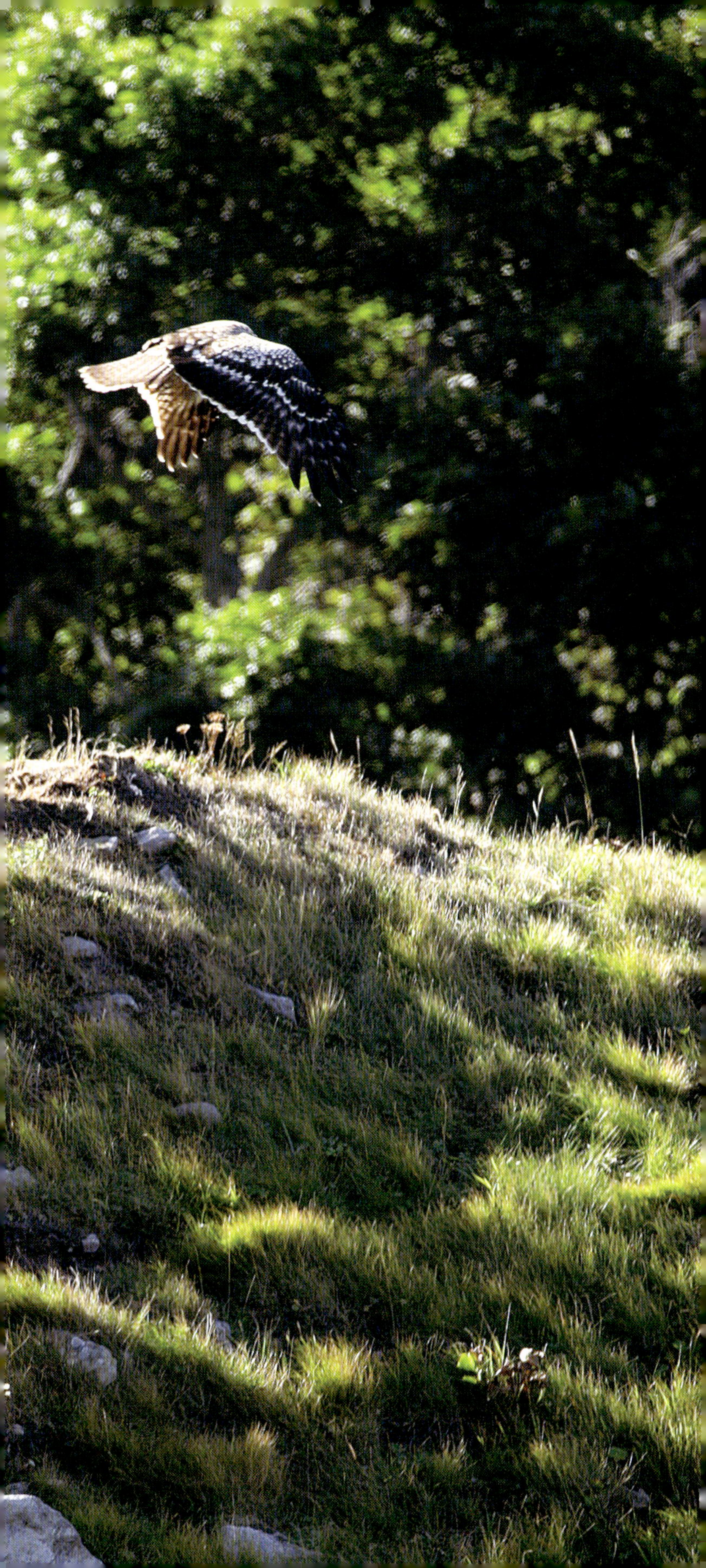

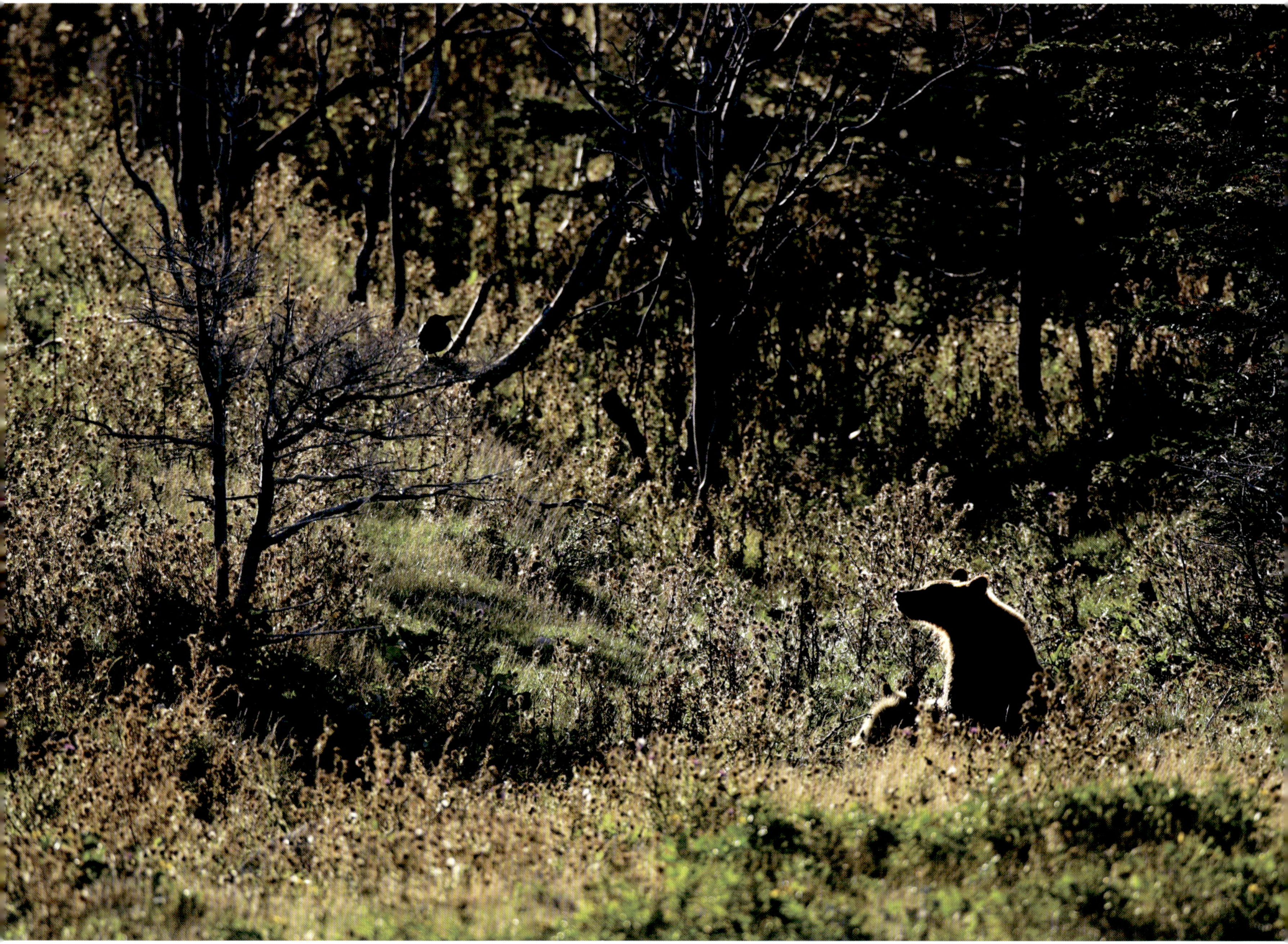

85

ヒグマの親子

山からおりて来て、マスを捕えては食べを
何回か繰り返しているヒグマの親子がいた。
子グマは一頭で、やんちゃで好奇心旺盛な眼差しを
あちこちにふりまき、母グマが獲ったマスを横取りして、
独り占めにしようとやっきになっている。
マスを腹一杯食べた親子は
草原で寝転んでしばらくじゃれあったあと、
子グマが母グマの足もとにまとわりつきながら
山へと帰っていった。
そんな微笑ましい光景を、その年の秋に毎日見ていた。
つぎの年、同じ場所を訪ねてみると昨年いた母グマが一頭、
川岸にどっかりと腰をおろしていた。
辺りに子グマの姿はなく、なんとなく寂しそうに見える
その母グマは、とてもゆったりとしたペースで、
だが的確に腕を振り下ろしマスを捕まえていた。

87

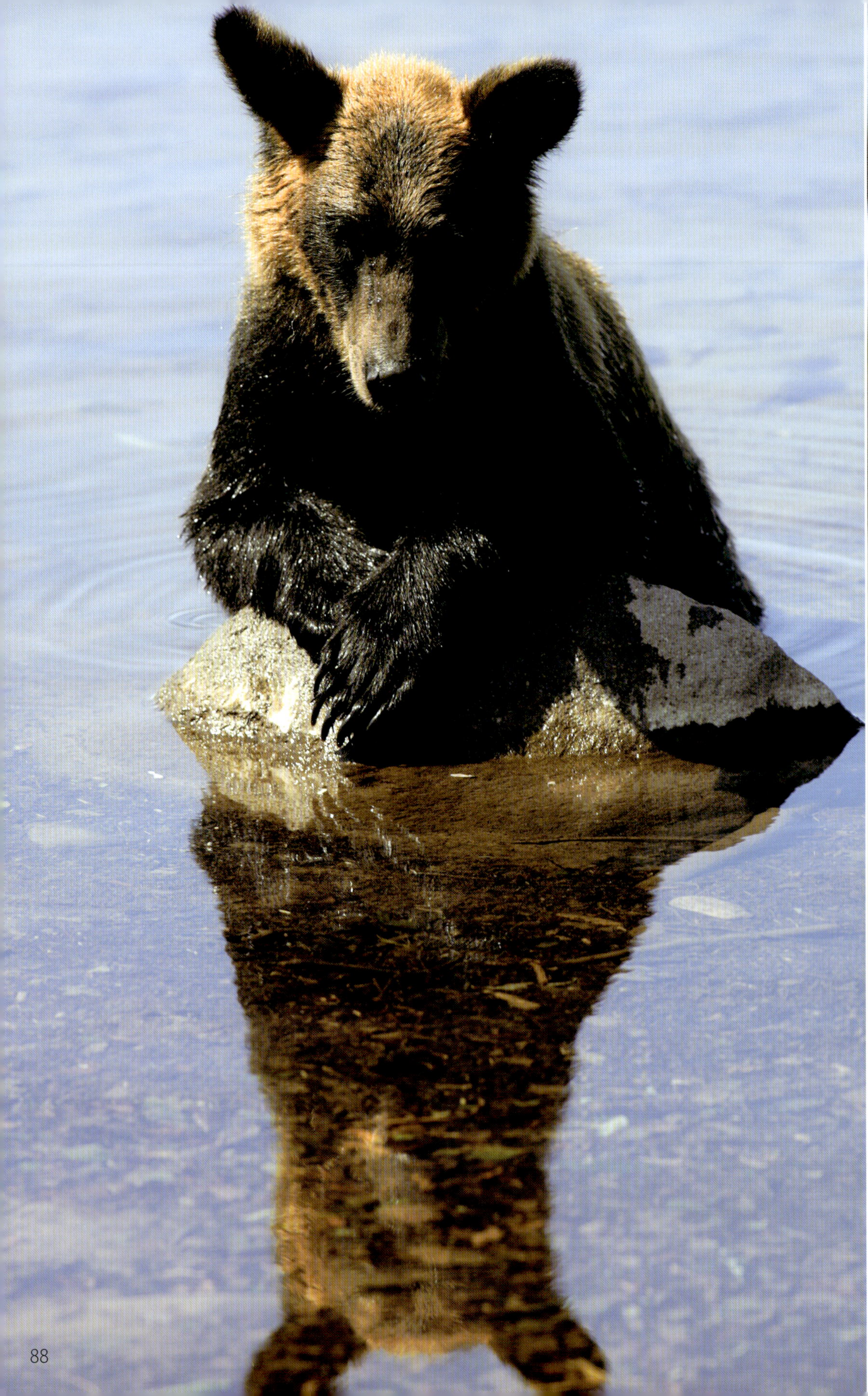
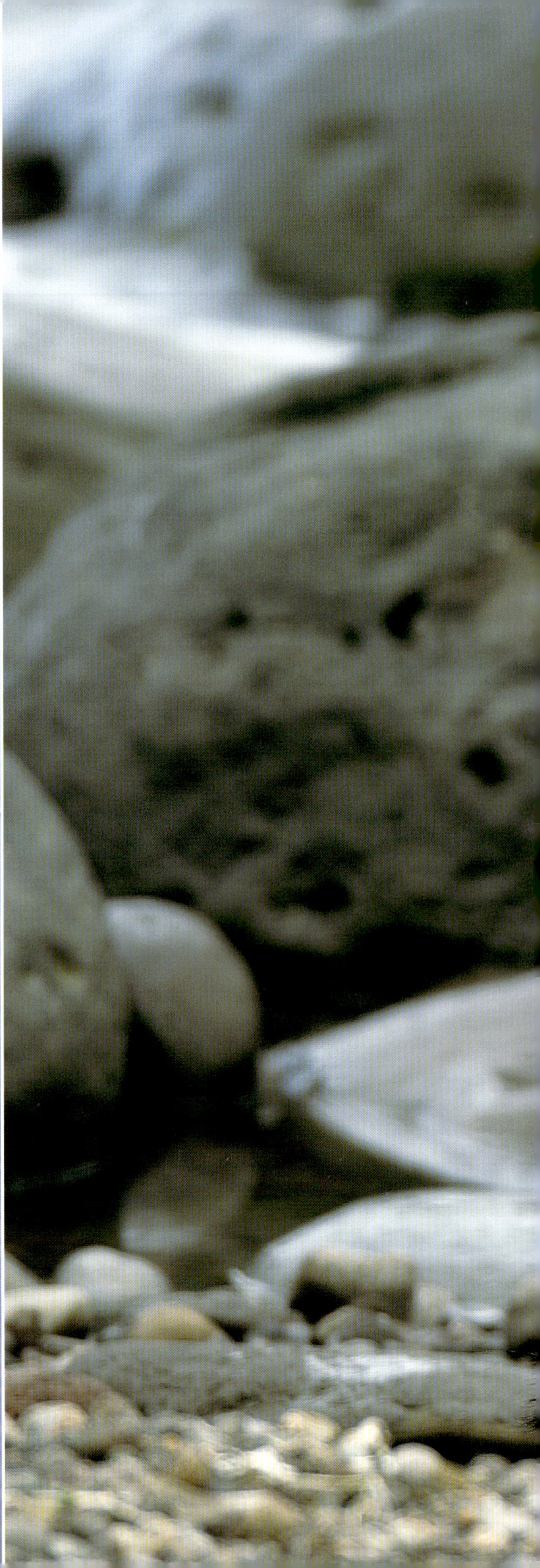

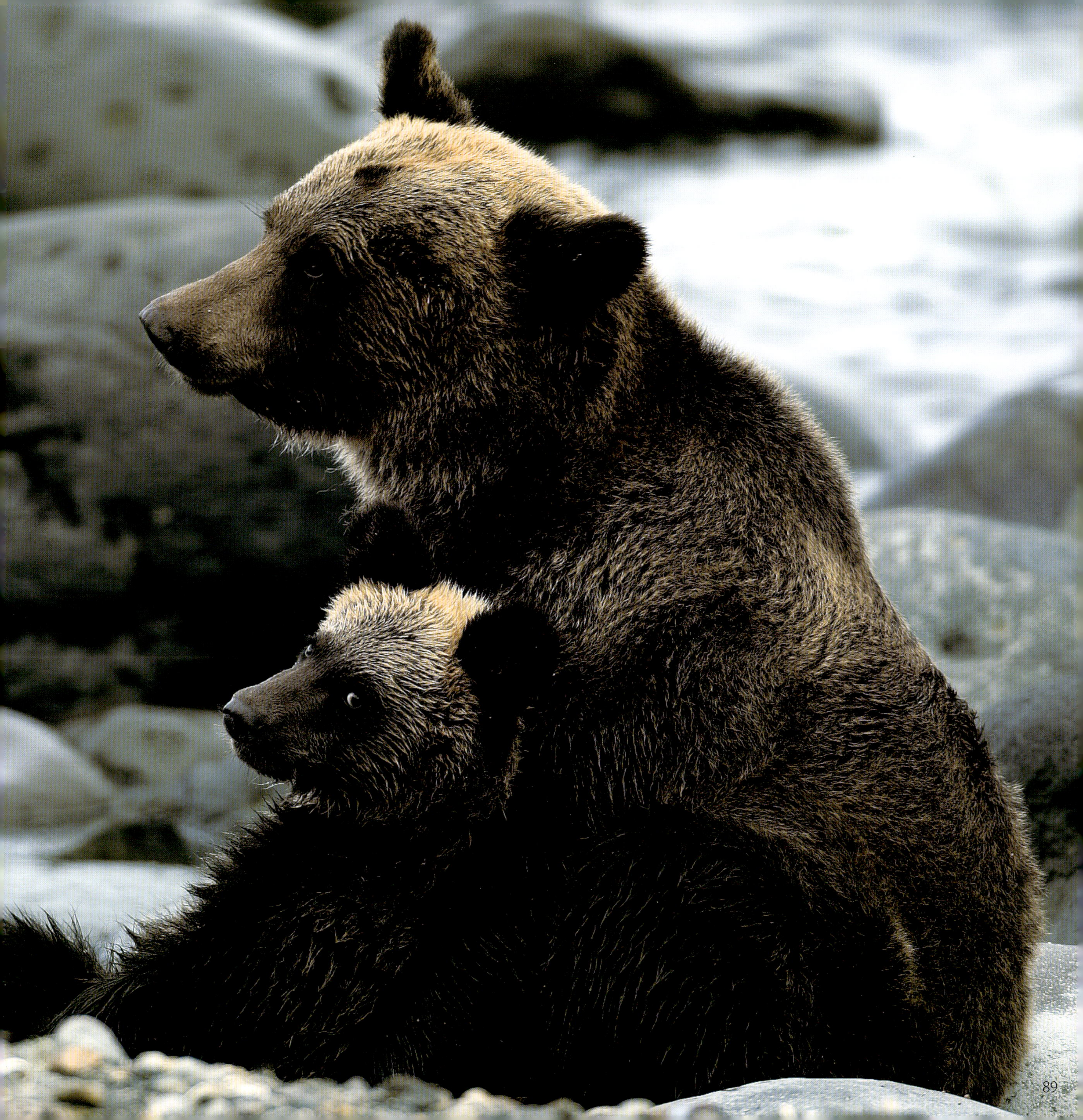

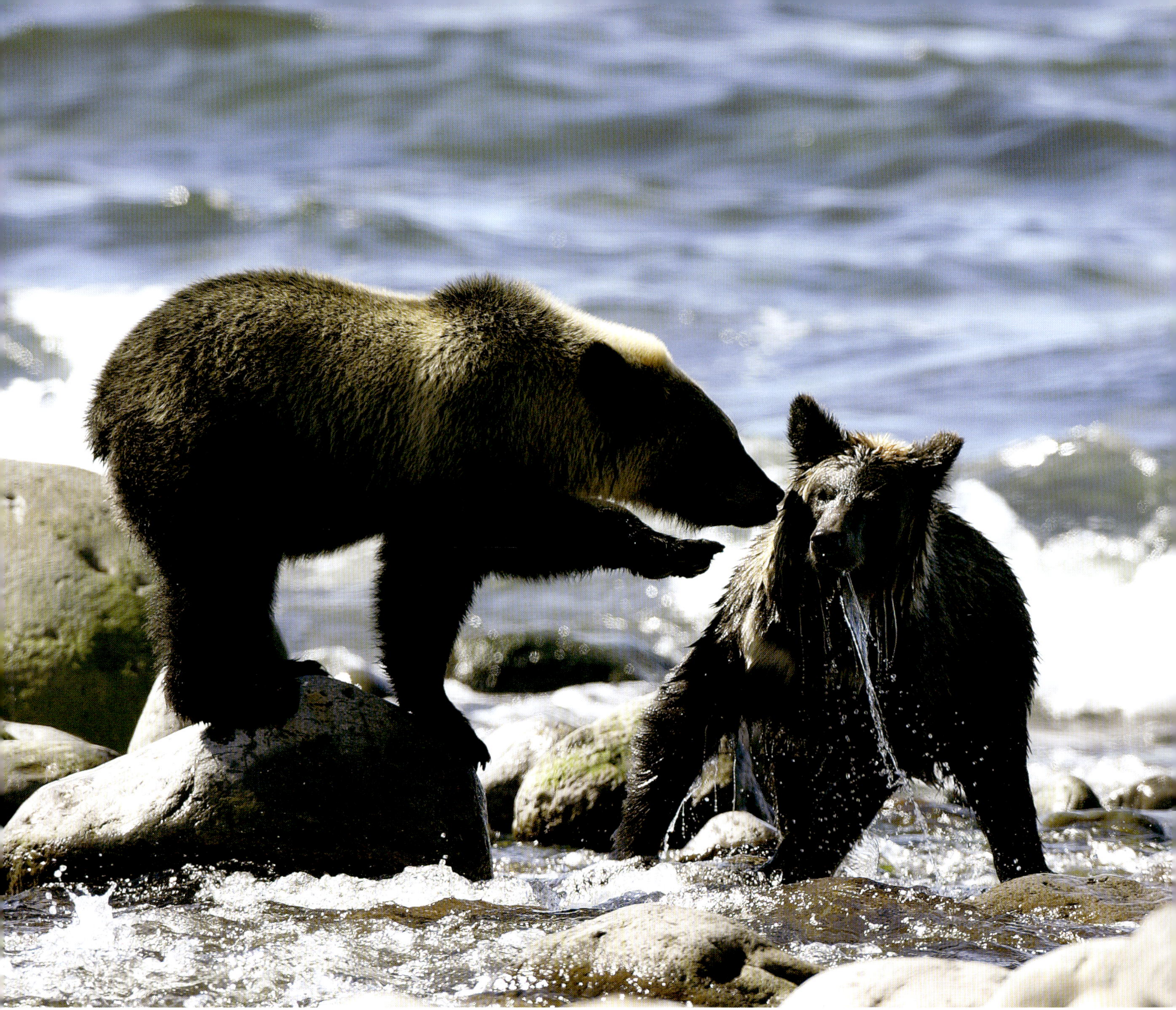

91

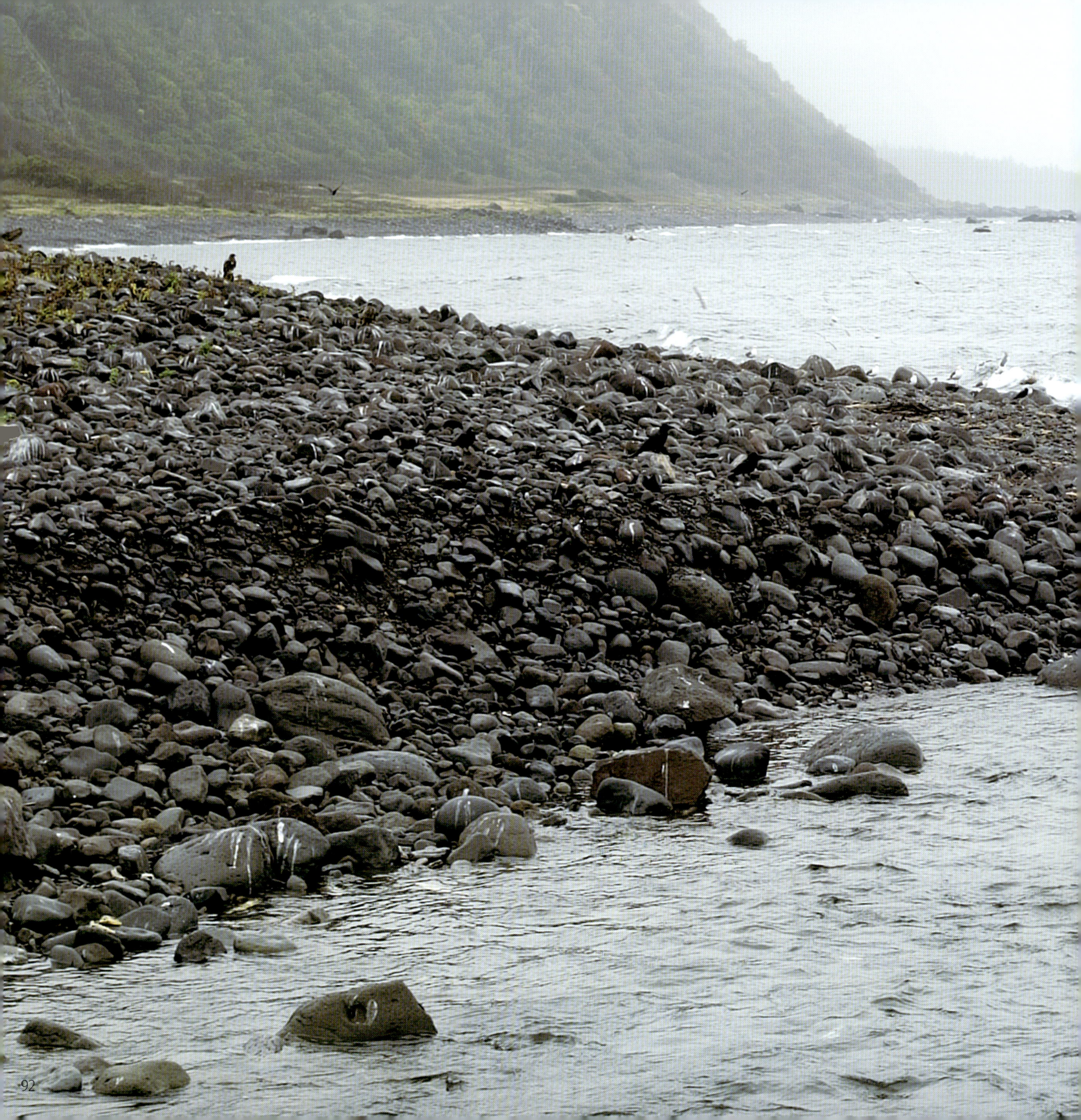

93

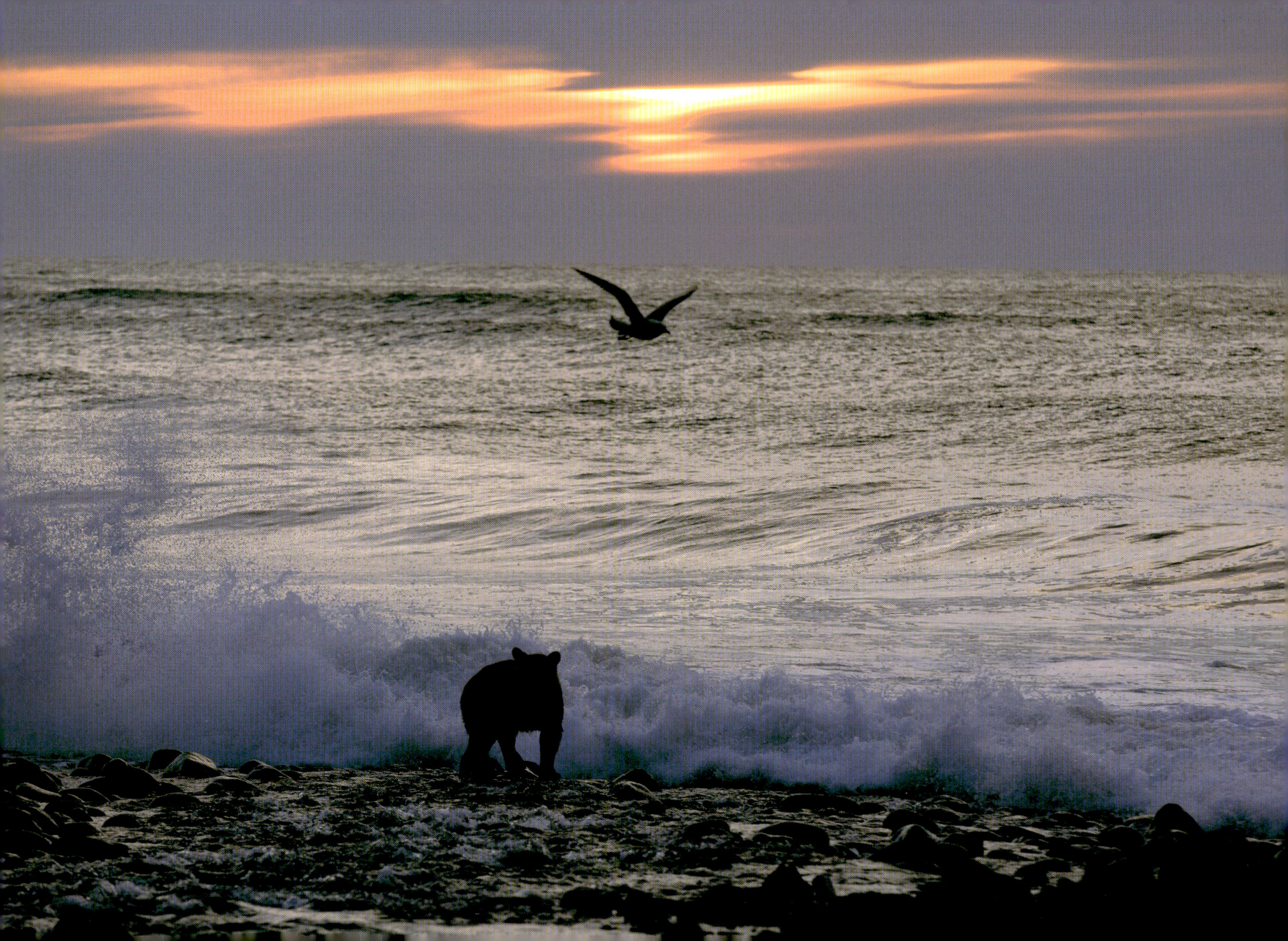

オホーツクの黄昏

Moon Bear

夕闇の訪れとともに山からおりてくるツキノワグマ。
はるか昔からわずかな土地を人々と棲み分け、
奇跡的ともいえる共存を続けてきた。

MAP / LIST

EXPLANATION

PROFILE

AFTERWORD

MAP

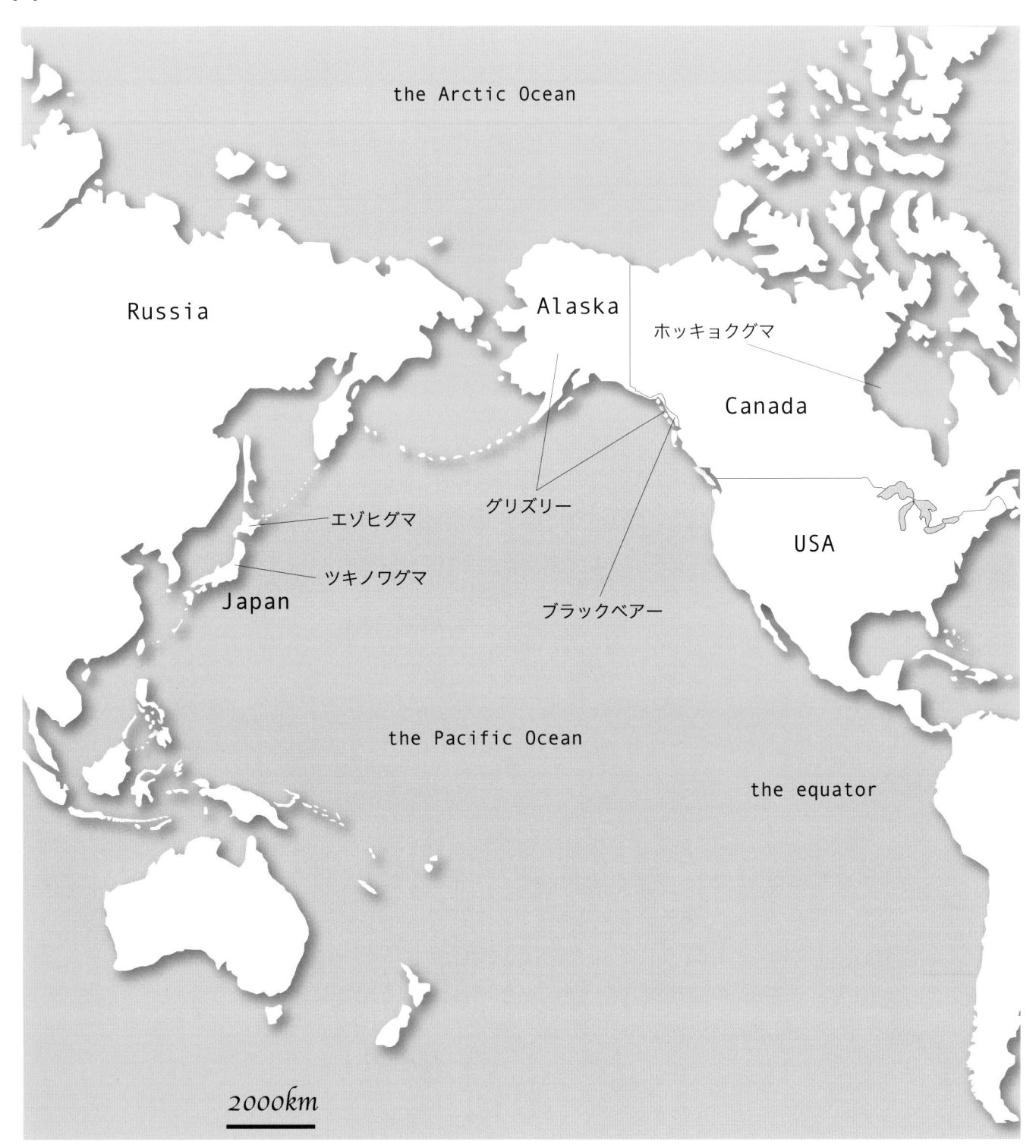

- the Arctic Ocean
- Russia
- Alaska
- ホッキョクグマ
- Canada
- エゾヒグマ
- グリズリー
- ツキノワグマ
- Japan
- ブラックベアー
- USA
- the Pacific Ocean
- the equator
- 2000km

LIST

P1
American black bear
ブラックベアー／南アラスカ

巨大な岩が積み重なってできた洞窟の入り口で、捕えたピンクサーモンを食べる。
Canon　EOS-1D/EF500mm F4L IS USM/1/200 秒 /f4/ISO400

P2
Grizzly
グリズリー／アラスカ中部

湖沼地帯のブッシュのなかから水辺へと出てきた。
Canon　EOS-1V/EF600mm F4L IS USM/1/500 秒 /f4/RDPIII

P4-5
Grizzly
グリズリー／アラスカ中部

この原野に棲むクマたちの絶好の漁場。
Canon　EOS-1V/EF17-35mm F2.8L USM/1/125 秒 /f11/RDPIII

P6-7
Grizzly
グリズリー／アラスカ中部

遡上するサケにとっては滝とクマとの二重の関門。
Canon　EOS-1V/EF600mm F4L IS USM/1/640 秒 /f4/RDPIII

P8
Grizzly
グリズリー／アラスカ中部

淀みに溜まるサーモンの群れに勢いよく飛び込んでいく、疲れ知らずのグリズリー。
Canon　EOS-1V/EF600mm F4L IS USM/1/800 秒 /f4/RDPIII

P9
Grizzly
グリズリー／アラスカ中部

水中でサーモンを捕え、顔をあげた瞬間。
Canon　EOS-1V/EF600mm F4L IS USM/1/320 秒 /f5.6/RDPIII

P10-11
Grizzly
グリズリー／アラスカ中部

危険なことがないか、子連れの母グマが立ち上がり、辺りの様子をうかがう。
Canon　EOS-1V/EF70-200mm F2.8L USM/1/500 秒 /f4.5/RDPIII

P12
Grizzly
グリズリー／南東アラスカ

池のような大きな水たまりを横切っていく。
Canon　EOS-1NHS/EF300mm F2.8L USM/1/125 秒 /f5.6/E100S

P13
Grizzly
グリズリー／アラスカ中部

傷だらけの大きなグリズリーが歩いてきた。
Canon　EOS-1V/EF600mm F4L IS USM/1/250 秒 /f5.6/RDPIII

P14-15
Grizzly
グリズリー／アラスカ中部

川のなかにはサーモンがぎっしりと泳いでいる。
Canon　EOS-1V/EF28-70mm F2.8L USM/1/160 秒 /f11/RDPIII

P16
Grizzly
グリズリー／アラスカ中部

一日に食べるサーモンは何十匹にも及ぶ。
Canon　EOS-1V/EF600mm F4L IS USM/1/500 秒 /f5/RDPIII

P17
Grizzly
グリズリー／アラスカ中部

サーモンを食べているときに、身震いをした。
Canon　EOS-1V/EF600mm F4L IS USM/1/500 秒 /f5.6/RDPIII

P18
Grizzly
グリズリー／アラスカ中部

水中を駆け抜ける若いグリズリー。
Canon　EOS-1V/EF600mm F4L IS USM/1/320 秒 /f5.6/RDPIII

P19
Grizzly
グリズリー／アラスカ中部

捕えたサーモンを岸辺まで運んでいく。
Canon　EOS-1V/EF600mm F4L IS USM/1/250 秒 /f6.3/RDPIII

P20
Grizzly
グリズリー／南アラスカ

レインフォレストの奥から現れたグリズリー。
Canon　EOS-1V/EF500mm F4L IS USM/1/80 秒 /f5.6/RDPIII

P21
Grizzly
グリズリー／アラスカ中部

漁をするグリズリーの周りには、たいていカモメやカラスがいる。
Canon　EOS-1V/EF600mm F4L IS USM/1/320 秒 /f4.5/RDPIII

LIST

P22
Grizzly
グリズリー／南アラスカ

兄弟だと思われる二頭で共に獲物を狙う。

Canon　EOS-1D/EF17-35mm F2.8L USM/1/200 秒 /f4/ISO400

P23
American black bear
ブラックベアー／アラスカ中部

捕えたサーモンを、倒木を伝いゆっくり食べられる場所まで運ぶブラックベアー。

Canon　EOS-1D/EF70-200mm F2.8L USM/1/125 秒 /f4/ISO320

P24
Grizzly
グリズリー／南アラスカ

川辺に現れたグリズリー。

Canon　EOS-1D/EF500mm F4L IS USM/1/500 秒 /f4.5/ISO400

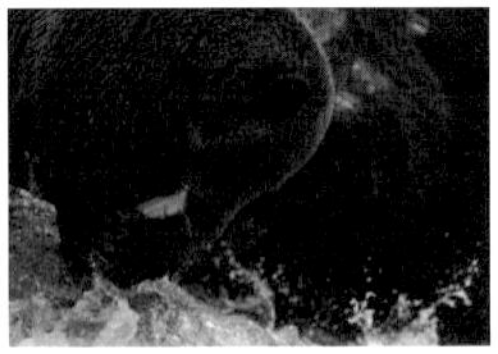

P25
Grizzly
グリズリー／南アラスカ

ゆるいスロープ状の滝でサーモンを捕える。

Canon　EOS-1D/EF500mm F4L IS USM/1/500 秒 /f4.5/ISO400

P26-27
American black bear
ブラックベアー／南アラスカ

ブラックベアーの親子。

Canon　EOS-1D/EF300mm F2.8L USM/1/125 秒 /f2.8/ISO500

P28
American black bear
ブラックベアー／南アラスカ

子どもを引き連れて漁場へと向かう。

Canon　EOS-1D/EF70-200mm F2.8L USM/1/200 秒 /f4/ISO400

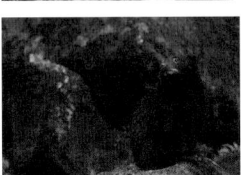

P29
American black bear
ブラックベアー／南アラスカ

少し離れた場所にいる母グマの方を振り返る子グマ。

Canon　EOS-1D/EF300mm F2.8L USM/1/200 秒 /f4/ISO400

P30-31
American black bear
ブラックベアー／南アラスカ

雨量の多いアラスカ南部は川の水量も豊富で樹々も巨大だ。

Canon　EOS-1D/EF17-35mm F2.8L USM/1/160 秒 /f4/ISO400

P32
Grizzly
グリズリー／アラスカ中部

グリズリーの親子が水辺でのんびりとくつろいでいた。

Canon　EOS-1V/EF300mm F2.8L USM/1/320 秒 /f4/RDPIII

P33
Grizzly
グリズリー／南東アラスカ

干満の差が激しい南東アラスカの海辺を歩いていく親子。

Canon　EOS-1NHS/EF70-200mm F2.8L USM/1/125 秒 /f5.6/E100S

P34
Grizzly
グリズリー／アラスカ中部

おこぼれにあずかろうと待ちかまえているカモメたち。

Canon　EOS-1V/EF300mm F2.8L USM/1/250 秒 /f4/RDPIII

P35
Grizzly
グリズリー／アラスカ中部

湖の深みへと進む母グマのあとを、しっかりとついて行く泳ぎの得意な子グマたち。

Canon　EOS-1V/EF600mm F4L IS USM/1/320 秒 /f4.5/RDPIII

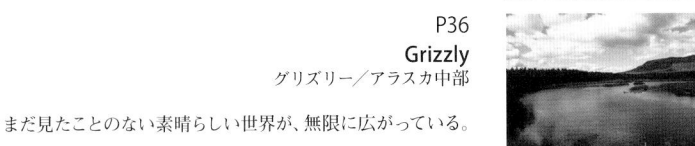

P36
Grizzly
グリズリー／アラスカ中部

まだ見たことのない素晴らしい世界が、無限に広がっている。

Canon　EOS-1V/EF17-35mm F2.8L USM/1/125 秒 /f8/RDPIII

P37
Grizzly
グリズリー／アラスカ中部

爪を引きずった跡がはっきりと残るグリズリーの足跡。

Canon　EOS-1V/EF17-35mm F2.8L USM/1/60 秒 /f8/RDPIII

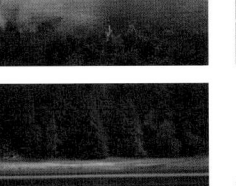

P38-39
Grizzly
グリズリー／南東アラスカ

貝をさがしているのか、潮のひいた海岸を歩く。

Canon　EOS-1NHS/EF300mm F2.8L USM/1/125 秒 /f5.6/E100S

P40-41
Polar bear
ホッキョクグマ／カナダ・ハドソン湾

ブリザードが吹くなかを、どこかへ向かって歩いていく。

Canon　EOS-1NHS/EF28-70mm F2.8L USM/1/1000 秒 /f5.6/RDPII

LIST

P42
Polar bear
ホッキョクグマ／カナダ・ハドソン湾

プレイファイティングと呼ばれる、半ば遊び、
半ば真剣な力くらべ。

Canon　EOS-1NHS/EF300mm F2.8L USM/1/500 秒 /f4/RDPIII

P43
Polar bear
ホッキョクグマ／カナダ・ハドソン湾

気の合う同士ですぐにプレイファイティングを始める。

Canon　EOS-1NHS/EF300mm F2.8L USM/1/500 秒 /f4/RDPIII

P44
Polar bear
ホッキョクグマ／カナダ・ハドソン湾

その卓越した嗅覚は、一キロ以上も離れた
アザラシの匂いを敏感に嗅ぎつける。

Canon　EOS-1NHS/EF500mm F4L IS USM/1/160 秒 /f5.6/RDPIII

P45
Polar bear
ホッキョクグマ／カナダ・ハドソン湾

夕暮れの斜光線を浴びる。

Canon　EOS-1NHS/EF300mm F2.8L USM/1/125 秒 /f5.6/RDPII

P46-47
Polar bear
ホッキョクグマ／カナダ・ハドソン湾

極北に沈む夕日が、辺り一面をオレンジ色に染めていく。

Canon　EOS-1NHS/EF70-200mm F2.8L USM/1/500 秒 /f5.6/RDPIII

P48
Polar bear
ホッキョクグマ／カナダ・ハドソン湾

あまり発することのないその咆哮は低い。

Canon　EOS-1NHS/EF70-200mm F2.8L USM/1/250 秒 /f4/RDPII

P49
Polar bear
ホッキョクグマ／カナダ・ハドソン湾

傍らを巨大なオスが通り過ぎていった。

Canon　EOS-1NHS/EF300mm F2.8L USM/1/250 秒 /f2.8/RDPII

P50
Polar bear
ホッキョクグマ／カナダ・ハドソン湾

楽しそうに斜面を転がりおりてゆく。

Canon　EOS-1NHS/EF300mm F2.8L USM/1/400 秒 /f3.5/RDPII

P51
Polar bear
ホッキョクグマ／カナダ・ハドソン湾

一日の中でのんびりゴロゴロとしている時間が長い。

Canon　EOS-1NHS/EF300mm F2.8L USM/1/320 秒 /f4/RDPIII

P52
Polar bear
ホッキョクグマ／カナダ・ハドソン湾

おどけた感じで色々なポーズを見せてくれる。

Canon　EOS-1NHS/EF500mm F4L IS USM/1/125 秒 /f5.6/RDPII

P53
Polar bear
ホッキョクグマ／カナダ・ハドソン湾

人間の大人の腕で一抱えもある大きな頭に負けず、脚も巨大だ。

Canon　EOS-1NHS/EF28-70mm F2.8L USM/1/125 秒 /f6.3/RDPIII

P54
Polar bear
ホッキョクグマ／カナダ・ハドソン湾

極北の光は不思議な世界を呈することが多々ある。

Canon　EOS-1NHS/EF28-70mm F2.8L USM/1/60 秒 /f4/RDPII

P55
Polar bear
ホッキョクグマ／カナダ・ハドソン湾

マウンティングする二頭。

Canon　EOS-1NHS/EF500mm F4L IS USM/1/80 秒 /f4/RDPII

P56-57
Polar bear
ホッキョクグマ／カナダ・ハドソン湾

ぴったりと寄り添う親子。

Canon　EOS-1NHS/EF300mm F2.8L USM/1/125 秒 /f4/RDPII

P58
Polar bear
ホッキョクグマ／カナダ・ハドソン湾

子グマたちを見守る母グマの目はいつもやさしい。

Canon　EOS-1NHS/EF500mm F4L IS USM/1/100 秒 /f3.5/RDPII

P59
Polar bear
ホッキョクグマ／カナダ・ハドソン湾

授乳中の親子。

Canon　EOS-1NHS/EF300mm F2.8L USM/1/125 秒 /f4/RDPII

LIST

P60
Polar bear
ホッキョクグマ／カナダ・ハドソン湾

母グマはいつも辺りの様子に気を配っている。

Canon　EOS-1NHS/EF300mm F2.8L USM/1/160 秒 /f4/RDPIII

P61
Polar bear
ホッキョクグマ／カナダ・ハドソン湾

若者は兄弟や気の合う仲間と過ごしていることが多い。

Canon　EOS-1NHS/EF70-200mm F2.8L USM/1/250 秒 /f6.3/RDPIII

P62-63
Polar bear
ホッキョクグマ／カナダ・ハドソン湾

凍り始めた海の上を移動していく三頭。

Canon　EOS-1NHS/EF28-70mm F2.8L USM/1/125 秒 /f8/RDPIII

P64
Polar bear
ホッキョクグマ／カナダ・ハドソン湾

氷原の彼方からやってきた親子。

Canon　EOS-1NHS/EF28-70mm F2.8L USM/1/125 秒 /f6.3/RDPIII

P65
Polar bear
ホッキョクグマ／カナダ・ハドソン湾

子グマの行動にいつも注意を払う母グマ。

Canon　EOS-1NHS/EF500mm F4L IS USM/1/320 秒 /f5.6/RDPIII

P66
Polar bear
ホッキョクグマ／カナダ・ハドソン湾

まだらに凍りついた海上をすすむ親子。

Canon　EOS-1NHS/EF28-70mm F2.8L USM/1/100 秒 /f5.6/RDPII

P67
Polar bear
ホッキョクグマ／カナダ・ハドソン湾

どんな吹雪のなかでもすやすやと眠れるホッキョクグマ。

Canon　EOS-1NHS/EF70-200mm F2.8L USM/1/500 秒 /f5.6/RDPII

P68
Polar bear
ホッキョクグマ／カナダ・ハドソン湾

パステル調の淡い世界に満月が昇った。

Canon　EOS-1NHS/EF300mm F2.8L USM/1/160 秒 /f4/RDPIII

P69
Polar bear
ホッキョクグマ／カナダ・ハドソン湾

子グマに対する母グマの愛情は、とても深い。

Canon　EOS-1NHS/EF300mm F2.8L USM/1/60 秒 /f2.8/RDPII

P70-71
Polar bear
ホッキョクグマ／カナダ・ハドソン湾

暮れゆく氷原の彼方を行く一頭のホッキョクグマ。

Canon　EOS-1NHS/EF28-70mm F2.8L USM/1/250 秒 /f6.3/RDPIII

P72-73
Ezo brown bear
エゾヒグマ／北海道・知床

山の斜面を登るヒグマの親子と飛んでゆくカモメ。

Canon　EOS-1D/EF300mm F2.8L USM/1/400 秒 /f5/ISO200

P74
Ezo brown bear
エゾヒグマ／北海道・知床

マスを追いかけ、川の中を駆け巡っていた若いヒグマ。

Canon　EOS-1D MarkII/EF600mm F4L IS USM/1/500 秒 /f5.6/ISO100

P75
Ezo brown bear
エゾヒグマ／北海道・知床

捕えたマスを草原まで持っていってから食べている。

Canon　EOS-1D/EF600mm F4L IS USM/1/1000 秒 /f5.6/ISO200

P76
Ezo brown bear
エゾヒグマ／北海道・知床

じゃれ合う親子。

Canon　EOS-1D/EF600mm F4L IS USM/1/250 秒 /f5.6/ISO200

P77
Ezo brown bear
エゾヒグマ／北海道・知床

山の中腹で授乳をする親子。

Canon　EOS-1D MarkII/EF600mm F4L IS USM/1/125 秒 /f4/ISO100

P78
Ezo brown bear
エゾヒグマ／北海道・知床

色づきはじめた知床の山林。

Canon　EOS-1D/EF300mm F2.8L USM/1/400 秒 /f5.6/ISO200

LIST

P79
Ezo brown bear
エゾヒグマ／北海道・知床

子グマに近づいた若い個体を(口を開けた方)、
斜面の上まで追い込んだ母グマ。

Canon　EOS-1D MarkII/EF600mm F4L IS USM/1/400 秒 /f4.5/ISO200

P80
Ezo brown bear
エゾヒグマ／北海道・知床

ずいぶんと長い間プレイファイティングに没頭していた二頭。

Canon　EOS-1D MarkII/EF600mm F4L IS USM/1/80 秒 /f4/ISO250

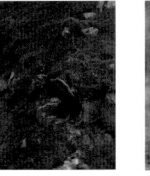

P81
Ezo brown bear
エゾヒグマ／北海道・知床

兄弟だと思われる二頭のヒグマ。

Canon　EOS-1D MarkII/EF300mm F2.8L USM+EF1.4X/1/500 秒 /f4/ISO100

P82-83
Ezo brown bear
エゾヒグマ／北海道・知床

トビを追いかけ山の斜面を駆け登る。

Canon　EOS-1D MarkII/EF600mm F4L IS USM/1/500 秒 /f5.6/ISO200

P84
Ezo brown bear
エゾヒグマ／北海道・知床

ブッシュの中に佇む親子。

Canon　EOS-1D MarkII/EF600mm F4L IS USM/1/640 秒 /f5/ISO100

P85
Ezo brown bear
エゾヒグマ／北海道・知床

寄り添い戯れる三頭の若いクマ。

Canon　EOS-1D MarkII/EF600mm F4L IS USM/1/400 秒 /f5.6/ISO100

P86-87
Ezo brown bear
エゾヒグマ／北海道・知床

漁をしている親子の頭上に虹がかかった。

Canon　EOS-1D/EF70-200mm F2.8L USM/1/500 秒 /f5.6/ISO200

P88
Ezo brown bear
エゾヒグマ／北海道・知床

河口の淀みでマスを追いかけていたヒグマがちょっと一休み。

Canon　EOS-1D MarkII/EF300mm F2.8L USM/1/320 秒 /f5/ISO100

P89
Ezo brown bear
エゾヒグマ／北海道・知床

海岸で、食後にくつろぐ親子。

Canon　EOS-1D/EF600mm F4L IS USM/1/500 秒 /f4.5/ISO200

P90
Ezo brown bear
エゾヒグマ／北海道・知床

河口でマスを追うヒグマに、仲間がちょっかいを出している。

Canon　EOS-1D/EF600mm F4L IS USM/1/640 秒 /f5.6/ISO200

P91
Ezo brown bear
エゾヒグマ／北海道・知床

マスを追い、エネルギッシュに駆け巡る。

Canon　EOS-1D MarkII/EF600mm F4L IS USM/1/320 秒 /f4/ISO100

P92-93
Ezo brown bear
エゾヒグマ／北海道・知床

それぞれが獲物を捕え、宴の最中のヒグマたち。

Canon　EOS-1D/EF28-70mm F2.8L USM/1/80 秒 /f5.6/ISO200

P94
Ezo brown bear
エゾヒグマ／北海道・知床

夕暮れどきにオホーツクの海岸線を歩く一頭のヒグマ。

Canon　EOS-1D MarkII/EF70-200mm F2.8L USM/1/500 秒 /f4/ISO200

P95
Ezo brown bear
エゾヒグマ／北海道・知床

日が暮れるまで漁に励むヒグマたち。

Canon　EOS-1D MarkII/EF28-70mm F2.8L USM/1/2000 秒 /f5.6/ISO100

P96
Asiatic black bear
ニホンツキノワグマ／栃木県・奥日光

日没と同時に人里近くに山から下りて来て、
夜が明ける前にはまた山へと戻る。

Canon　EOS-1Ds MarkII/EF600mm F4L IS USM/1/250 秒 /f4/ISO200

EXPLANATION

世界のクマ

世界中にクマの仲間は5属7種類生息している。ヒグマ属ではホッキョクグマ、ヒグマ（グリズリー、エゾヒグマ等を含む）、アメリカグマ（ブラックベアー）の1属3種。ヒグマ属より南方に棲み、木登りが得意な小型のクマとして、インドから日本までアジア一帯に広く生息するツキノワグマ（ヒマラヤグマ）、東南アジアに生息するマレーグマ、インド東部、スリランカに生息するナマケグマ、南米ベネズエラからボリビアにかけてのアンデス山脈に生息するメガネグマのそれぞれ1属1種で分類されている。一般的に言ってクマの仲間で一番大きいのはホッキョクグマのオスで、体長3m体重650kg、一番小さいのはマレーグマのメスで体長80cm体重25kg。地上最大の肉食獣であるホッキョクグマをのぞき、他のクマはすべて雑食性である。

グリズリー（ハイイログマ）
英名 Grizzly
学名 Ursus arctos horribilis

体長2〜2.8m、肩高1.2〜1.5m。体重がオスで150〜360kg、メスで80〜200kg。最大で500kg近くになるものもあるが、生息環境や栄養状態により大きく異なる。妊娠期間は210〜255日。寿命は25〜30年。草食性の強い雑食。沿岸部に棲むものはサケやマスをよく食べる。時速50kmで走ることができる。北アメリカ北西部に広く生息し、正確な区別はないがヒグマの亜種としてとらえられている。主として森林に棲んでいるが、アラスカの沿岸部にも多く生息している。

エゾヒグマ
英名 Ezo brown bear
学名 Ursus arctos yesoensis

体長1.6〜2.3m、肩高0.8〜1.3m。体重がオスで120〜200kgメスで50〜120kg。栄養状態により、400kg以上になるものもある。妊娠期間は210〜255日。寿命は35年。植物を中心とした雑食性。沿岸部に棲むものはサケやマスをよく食べる。北半球に分布するヒグマの中で、北海道、国後、択捉に棲むものがエゾヒグマと呼ばれ、山岳や森林、沿岸部に生息する。グリズリーとは近縁種。

ホッキョクグマ

学名 Polar Bear

学名 Ursus maritimus

体長2〜3m、肩高1.2〜1.6m。体重がオスで350〜650kg、メスで175〜300kg。最大で800kgに達するものがいる。妊娠期間は200〜265日。寿命は20〜25年。北極圏一帯に分布する。クマの仲間では唯一の肉食であり、主にアザラシを捕えて食べる。白く見える毛は実は半透明になっており、紫外線を直接地肌まで通して太陽の熱を伝えるため、日焼けした肌は黒い。極寒に耐える厚い脂肪層をもち、海と共に生きるため泳ぎも得意で、水をはじく毛皮と、足が一部水かき状になっている。

アメリカグマ（ブラックベアー）

英名 American black bear

学名 Ursus americanus

体長1.3〜1.8m、肩高0.8〜1m。体重がオスで80〜200kg、メスは50〜120kg。最大で300kg近くになるものもある。妊娠期間は210〜215日。寿命は30年。草食性の強い雑食。沿岸部に棲むものはサケやマスをよく食べる。メキシコ、カリフォルニア北部からカナダ、アラスカの広範囲に広く分布。主に毛色の違いによる亜種(もしくは変種)が多く、その数は18種に及ぶ。

ニホンツキノワグマ

英名 Asiatic black bear

学名 Ursus thibetanus japonicus

体長1.1〜1.7m、肩高0.5〜0.7m。体重がオスで50〜130kg、メスは40〜70kg。100kgを超えるものは少ない。妊娠期間は飼育下で210〜219日、最長で270日。野生の状態においては正確には明らかになっていない。寿命は25年。植物を中心とした雑食性。本州、四国に分布し、九州ではほぼ絶滅したと思われる。日本に棲むものは亜種で、同一種はアジアに広く分布。

PROFILE

動物写真家
前川貴行

1969年2月24日東京都生まれ。
1987年、私立和光高等学校卒業後、エンジニアとしてコンピュータ関連企業に勤務。
26歳の頃より写真を独学ではじめ、97年より動物写真家・田中光常氏の助手をつとめる。
2000年よりフリーの動物写真家として活動を開始、日本、カナダ、アラスカを主なフィールドとして内外の野生動物の世界をテーマに撮影に取り組み、カメラ雑誌、総合誌のグラビアなどに作品と文章を発表。

写真展
2004年　全国のキヤノンサロン『Hey! BEAR』
2006年　キヤノンSタワー オープンギャラリー「動物と昆虫の写真展」
2007年　東京都写真美術館
　　　　日本の新進作家 Vol.5「地球の旅人 新たなネイチャーフォトの挑戦」

著作
2002年　フォトCD「極北の王者ホッキョクグマ」メディアファイブ
2003年　写真絵本「こおりのくにのシロクマおやこ」ポプラ社

撮影機材
Canon EOS-1Ds MarkII
Canon EOS-1D MarkII
Canon EOS-1D
Canon EOS-1V
Canon EOS-1NHS
EF600mm F4L IS USM
EF500mm F4L IS USM
EF300mm F2.8L USM
EF70-200mm F2.8L USM
EF28-70mm F2.8L USM
EF17-35mm F2.8L USM
使用フィルム
FUJICHROME PROVIA100、100F
Kodak E100S

AFTERWORD

　自然に魅了され、自然と深く関わって生きていこうと思いました。そしてそのためには何をしたら良いだろうと考え、ふと思いついたのが自然のなかで写真を撮ることでした。僕にとってのクマの存在とは、まさに自然を象徴するものです。とても美しく、素晴らしい魅力に満ちあふれ、その圧倒的な存在感で魂を揺さぶり、人に畏怖と畏敬の念を抱かせる。そしてクマを追い求め自然の奥へと向かうことが、自分自身の未知なる領域を開拓することにもつながっていきます。欲望のままに進む21世紀の現代、地球環境はますます病んでいくばかりです。人間一人一人が自然との共生を意識し、抑制を効かせ、狂気の世界からの脱却を計らなければならないと思います。そして写真を通し、ささやかながらその手助けができればと考えています。

　これまで多くの方々のお世話になりました。この本をつくるにあたり、僕の想いや考えをしっかりと受けとめ、賛同して頂いた青菁社の日下部忠男氏、素晴らしいアートワークをして頂いた時空工房の蒲原裕美子さん、ありがとうございました。また、フリーになった時から惜しみないご協力をして頂きました、キヤノンマーケティングジャパン株式会社の秋田佳則氏に感謝いたします。小説家の丸山健二氏、風樹社の宇佐美力氏にはいつも力強い励ましを、東京都写真美術館学芸員の関次和子さんにはとても大きなきっかけを、写真家の福田俊司氏にはあたたかなアドバイスを頂きました。ありがとうございました。そして動物写真の世界を自ら切り開き、歩みつづける姿を間近で見せて頂いた、恩師である田中光常先生にお礼を申し上げます。最後に、色々な場面で僕をサポートしてくれた家族や友人たち、どうもありがとう！

前川貴行

http://www.earthfinder.jp/

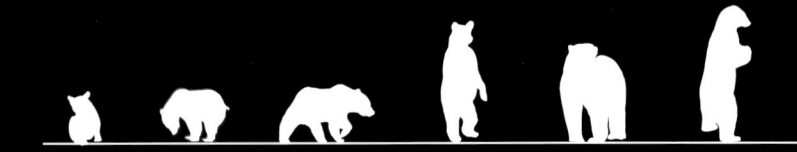

Bear World
クマたちの世界

発行日	2007年2月22日 初版1刷
著者	前川貴行
構成・装幀	蒲原裕美子
企画・編集	有限会社 時空工房
	〒060-0032 札幌市中央区北2条東1丁目
	プラチナ札幌ビル 8F TEL011-232-8155
印刷	大平印刷株式会社
製本	新日本製本株式会社
発行者	日下部忠男
発行所	株式会社 青菁社

〒603-8053 京都市北区上賀茂岩ヶ垣内町 89-7
TEL.075-721-5755 FAX.075-722-3995
http://web.kyoto-inet.or.jp/org/s-s-s/
振替 01060-1-17590

ISBN978-4-88350-045-1
無断転載を禁ずる